HISTOIRE

D'UN MORCEAU DE BOIS.

HISTOIRE

D'UN MORCEAU DE BOIS,

PRÉCÉDÉE

D'UN ESSAI SUR LA SÈVE

CONSIDÉRÉE COMME RÉSULTAT DE LA VÉGÉTATION,

ET de plusieurs autres Morceaux tendant à confirmer la Théorie de Physiologie végétale exposée

Par AUBERT AUBERT DU PETIT-THOUARS,

DANS SES ESSAIS SUR LA VÉGÉTATION.

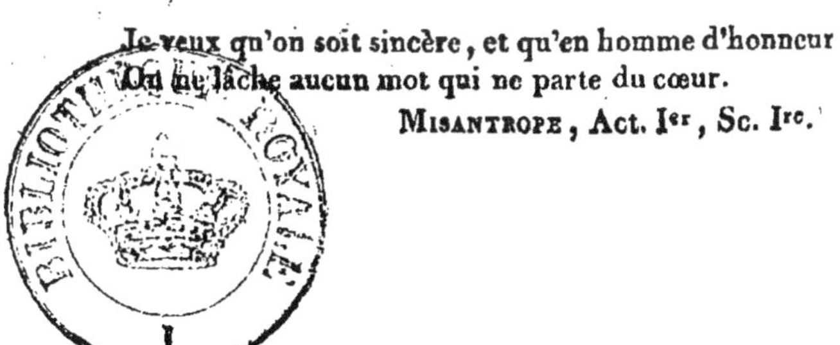

Je veux qu'on soit sincère, et qu'en homme d'honneur
On ne lâche aucun mot qui ne parte du cœur.
MISANTROPE, Act. Ier, Sc. Ire.

A PARIS,

CHEZ L'AUTEUR.

1815.

OBSERVATIONS

PRÉLIMINAIRES.

DES Voyageurs abordent dans un pays désert, entièrement inconnu, mais circonscrit, telle seroit une de ces îles désertes que les Navigateurs ont trouvée jetée au milieu de l'Océan.

Ils réunissent tous leurs efforts pour décrire toutes les particularités qui s'offrent à leur vue. Bientôt ils entrent dans une forêt dont les arbres isolés et dégarnis par le bas leur permettent d'errer sans efforts de tous les côtés, mais les empêchent de porter au loin leurs regards. Ils rencontrent sur leur chemin un courant d'eau qu'ils observent avec attention; c'est un Torrent qui roule avec impétuosité. Ils ont bientôt distingué le côté d'où viennent ses eaux, de celui où elles se précipitent, sa Source et son Embouchure; mais ils parviennent sur le bord d'un canal où l'eau semble sans mouvement; c'est une Rivière qui, parvenue dans une plaine unie, se replie en longs contours: c'est en vain qu'à la vue ils cherchent à déterminer d'où vient le cours de l'eau. Quelqu'un de la société s'avise d'y jeter des corps légers, bientôt il leur voit suivre un mouvement déterminé, quoique très-lent: il croit avoir la solution désirée; mais un autre les jette plus loin, et ils prennent la direction opposée; alors grande discussion entre les voyageurs pour savoir quel est le véritable sens du cours. Parmi eux il s'en trouve un, plus fortement déterminé à la recherche de la vérité, et qui compte pour rien les fatigues et les obstacles quand il faut y parvenir. Laissant ses compagnons discuter, il longe un des côtés de la rivière vers le point qui lui offre le plus de probabilité pour y rencontrer la source; bientôt il est arrêté par des branches latérales, il les distingue de la principale, et il les traverse pour suivre toujours celle-ci; il ne tarde pas à être récompensé de ses peines, car le fil du courant se prononce davantage. Le terrain se trouvant plus incliné, il s'escarpe de plus en plus; bientôt ce n'est qu'une suite de rochers d'où l'eau bondit de cascade en cascade; enfin il parvient au but de son entreprise, car il voit toute la masse d'eau sortir en bouillonnant du sein de la terre : content de cette découverte, il ne tentera pas pour le moment de pénétrer les conduits souterrains qui amènent un si gros volume d'eau à la superficie de la terre; mais tournant autour du bassin, il reprendra le fil de l'eau du côté opposé. Si le temps le lui permet, il remontera quelques-uns des courans secondaires, il les verra pareillement se terminer à une source ou à une fontaine; revenu au point opposé d'où il est parti, il y retrouvera ses compagnons de voyage : par le moyen d'un radeau ils auront passé d'un bord à l'autre, et par des sondes multipliées ils auront déterminé la tranche du courant, et par des expériences variées ils seront parvenus à reconnoître sa vîtesse à différentes profondeurs; en sorte qu'ils pourront dire, à quelques pieds cubes près, ce qu'il débite d'eau par jour : empressés de faire connoître leurs découvertes, ils écouteront à peine leur camarade errant, lorsqu'il voudra leur faire part du résultat de sa course; et lorsqu'il leur détaillera les nombreux bras qu'il a rencontrés, comme ils ne pourront accorder la quantité d'eau qu'ils doivent donner avec celle qu'ils ont déterminée, ils témoigneront de l'incrédulité sur son récit. Notre curieux les laissera discuter; et après avoir pris le repos nécessaire, il continuera ses recherches, en suivant la rive du côté de l'embouchure, il y arrivera et verra le Fleuve se perdre dans un océan sans bornes. Ainsi il aura vu la Source sortir mystérieusement du sein de la terre et se perdre dans l'immensité; ne cherchant point à pénétrer les voiles qui couvrent son origine, ni à mesurer le vaste bassin où elle se confond, il se contentera de tracer une carte figurant l'ensemble de sa superficie, il la regardera comme un des plus heureux résultats de son voyage.

Cette fiction représente très-fidèlement l'ensemble de mes travaux sur la Physiologie végétale. J'examine un morceau de Bois, sans savoir d'où il vient : je le distingue très-bien d'une Pierre, d'un Caillou ou de toute autre portion du Règne Minéral. Je ne le confonderai pas non plus avec aucune partie d'un être animé. Je vois qu'un de ses caractères, c'est de se diviser facilement dans un sens, tandis que dans l'autre il présente beaucoup de résistance : ce n'est qu'avec effort que je peux le briser, au lieu que dans le premier sens je peux, en le fendant, le réduire en filamens, tous de la longueur du morceau; je reconnois par là que primitivement c'est un assemblage de fils qui de tous les côtés est détaché d'une plus grande masse; mais si ce morceau de Bois étoit un Tronçon de Branche ou de Tige, je reconnoîtrois, par sa circonscription cylindrique, que j'ai bien sous les yeux une portion de la totalité des Fibres qui le composent, mais que toutes sont coupées abrupte-

ment à leurs deux extrémités, et qu'elles se rendoient plus loin des deux côtés. Si j'ai la Branche
entière, en partant de sa base ou de l'endroit où
elle a été coupée, je peux suivre la marche
des Fibres, comme notre voyageur a suivi le
fil de l'eau ; comme celui - ci, j'y trouve des
bras latéraux ou des branches, partout je vois la
continuité de Fibres ; enfin je parviens à des
Feuilles et des Bourgeons ; c'est sous ceux-ci que
je vois successivement se perdre les Fibres. Si je
reprends la partie inférieure au-dessous de la sec-
tion, je retrouve encore la continuité de Fibres
jusqu'au-dessous de la surface du sol : je parviens
à des embranchemens ; en les suivant j'arrive à
des filamens minces ou le *Chevelu* des racines.
Voilà donc les deux extrémités trouvées, les
Bourgeons et les Racines. L'examen de la Nature,
même privée de la vie, a suffi pour me les faire
reconnoître ; mais si je veux aller plus loin pour
découvrir laquelle des deux extrémités est la
Source, il me faudra avoir recours à la nature
vivante ou en pleine Végétation. C'est en suivant
le développement des Bourgeons que j'ai cons-
taté que c'étoit d'eux que partoient toutes les
Fibres. C'est donc en suivant pas à pas tous les
phénomènes de la Végétation, que j'ai été à même
de reconnoître que toutes les Fibres qui composoient le morceau de Bois isolé qui a été le sujet
de ma première observation, s'étoient terminées
d'un côté dans la Nervure d'une Feuille, et de
l'autre dans le Chevelu d'une Racine, et c'est d'un
Bourgeon qu'il a pris son origine. Tel est le fond
de mon systême, ou plutôt de la suite de faits
que j'ai exposés ; car je n'ai fait autre chose que
de raconter un voyage. On ne peut m'attaquer
qu'en repassant par les lieux que j'ai parcourus,

et en prouvant que je les ai décrits infidèlement. On m'a demandé souvent pourquoi je n'avois pas cité d'expériences ; mais de la manière dont je m'y suis pris, ai-je eu besoin de jeter des pailles dans l'eau pour savoir d'où venoit le fil de l'eau ? Je l'ai parcouru en entier, et j'ai découvert par ce moyen son cours, sans craindre que les *remoux* ne m'eussent induit en erreur. On n'a besoin d'expériences que lorsque l'on est en doute sur quelques faits ; j'apporte pour preuve de mes assertions tout le *Règne Végétal*. Il n'est pas une seule Plante qui ne puisse me servir à démontrer tout ce que j'ai avancé.

C'est donc avec bonne foi et franchise que j'ai exposé un nouveau système sur la Végétation ; mais c'est en vain que depuis huit ans que je l'ai publié, j'ai demandé qu'on l'examinât de même avec bonne foi et franchise : personne ne s'est présenté, ce n'est que par derrière et sourdement qu'on l'a attaqué. Dans deux occasions solennelles il étoit pourtant important pour moi que cet examen fût fait. Dans la seconde, sur-tout, c'étoit une lutte honorable : un prix digne de l'importance du sujet pouvoit être offert ; un jeune homme se présente pour l'obtenir, c'étoit le combat de Darès et d'Entelle ; mais on a craint pour lui le sort de Darès, et la palme de la victoire lui a été accordée sans combat. On ne s'est pas mis en peine de découvrir si c'étoit l'Erreur ou la Vérité qu'on couronnoit ainsi.

Depuis ce temps j'ai cherché par tous les moyens possibles à engager une discussion dont l'issue ne pouvoit qu'être utile aux sciences : la neige et la glace ont toujours été accumulées sur mes travaux.

Enfin, j'ai cru trouver un adversaire qui sembloit

me prendre au mot en entamant une discussion franche avec moi; c'est M. Feburier. Dans plusieurs conversations particulières nous avions déjà discuté sur des points importans de Physiologie végétale; mais comme cela arrive ordinairement dans la conversation, nous nous retirions chacun de notre côté avec nôtre première opinion. Enfin il a lu à l'Institut un mémoire sous le titre d'*Essai sur les Phénomènes de la végétation, expliqués par le mouvement des Sèves ascendante et descendante*. L'écoutant attentivement, j'ai saisi plusieurs points sur lesquels je différois entièrement avec l'auteur : je composai sur-le-champ le morceau qui suit : c'étoit ma manière d'envisager la Sève, je la considérois comme le résultat de la Végétation, et non pas comme sa cause.

Depuis ce moment, j'ai eu encore plusieurs occasions de discuter avec M. Feburier; mais nous n'avons pas été plus avancé : alors je l'ai engagé à mettre par écrit les objections qu'il me faisoit, et de me les communiquer; c'est ce qu'il a exécuté, en me remettant un cahier dans lequel se trouvoient cinquante et quelques propositions, qu'il regardoit comme contraires aux bases que j'avois posées. Je m'empressai d'y répondre. Il ne m'en a pas beaucoup coûté, car il m'a suffi de rapporter des passages de mes *Essais sur la Végétation*. Je lui fis voir cette réponse; mais je ne pus la lui laisser, attendu qu'elle avoit besoin d'être recopiée et mise au net, et n'en ayant pas eu le temps, sur sa demande je la lui remis telle qu'elle étoit. Je m'attendois, d'après cela, qu'il examineroit mes réponses et qu'il les admettroit ou les combattroit dans une réplique. Pendant ces entrefaites un rapport est fait à l'Institut sur son mémoire; j'y aperçois des attaques directes à mes opinions, j'y répondis sur-le-champ, dans le sein des Sociétés Philomatique et d'Agriculture.

Enfin, le mémoire de M. Feburier est imprimé: j'y vois non-seulement des idées contraires aux miennes, mais une prétendue exposition de mon système, ensuite combattue par l'auteur. J'y reconnus toutes les objections qu'il m'avoit présentées, sans qu'il fît mention de mes réponses. J'étois loin de prétendre qu'il les eût trouvées satisfaisantes; mais j'aurois voulu du moins qu'il les eût discutées. Ce qui me surprit le plus, fut d'y voir que la prétendue exposition de mon système consistoit en trois phrases isolées prises dans tout le cours de mon ouvrage. Il avoit déjà fait la même chose dans ses objections manuscrites, et je lui avois fait sentir dans ma réplique l'inconvenance de ce moyen; malgré cela il y a persisté. Sans cette dernière circonstance je ne me serois nullement inquiété des attaques de M. Feburier; mais comme il a distribué son ouvrage à un grand nombre de personnes, et que parmi il s'en trouvera plusieurs qui, sans se donner la peine d'examiner, se trouveront toutes disposées à me condamner seulement comme un novateur dangereux, ils ne seront pas surpris qu'on ait accueilli si froidement un Système qui leur paroîtra ridicule, grâces à la manière dont il est travesti. Je me crois donc obligé de répondre à M. Feburier. J'ai perdu quelques momens qui eussent été épargnés s'il m'eût rendu mes premières réponses, et sur-tout en leur ripostant, parce que cette discussion se seroit passée entre nous et que son résultat seul eût pu être rendu public.

Ma réponse commence par l'exposition de ma manière d'envisager la Sève; elle est composée de deux parties. La première est une Notice his-

torique sur les différentes opinions qu'on a émises
sur ce sujet; mais je suis loin de la regarder
comme complète. Dans la seconde, sous le nom
d'Aitiologie, j'expose ma propre opinion à ce
sujet. J'en viens ensuite à l'examen de l'ouvrage
de M. Feburier, je le fais en mettant en regard
son texte et mes réponses. Je n'ai pu adopter d'autre
marche que celle de suivre pas à pas l'ouvrage de
mon adversaire, et encore je n'ai extrait que les
points où nous différions le plus l'un de l'autre.
Obligé de me défendre, je le fais avec tous les mé-
nagemens dictés par l'honnêteté, en sorte que je
n'attaque que l'opinion seule qui m'est contraire:
je ne conteste aucune des expériences faites par
M. Feburier, seulement j'en tire des conséquences
différentes des siennes; loin d'en attaquer le fond,
je les regarde, au contraire, comme très-utiles.

Je termine l'ouvrage par quelques morceaux
détachés servant de pièces justificatives, dont
je parlerai plus amplement plus bas.

Je n'ai donc pris la plume que pour me défendre,
et je pourrois, comme je l'ai dit, laisser passer les
attaques de M. Feburier sans réponse, s'il n'avoit
pas dénaturé mes principes; j'aurois attendu le
moment où les circonstances m'eussent permis de
publier l'ensemble de ma doctrine, en exposant
le Cours entier de Phytologie ou de Botanique
générale, tel que je le professe depuis cinq ans.
Je ne regrette pas cependant le travail où cela
m'a engagé, parce que j'y ai trouvé l'occasion
de présenter quelques vérités nouvelles en exposant des faits; je prierai seulement de remarquer que, me bornant à une juste défense, je n'attaque nullement M. Feburier, je lui laisse expliquer tous les phénomènes de la Végétation
par ses deux Sèves, j'admire même comment il

en sait tirer parti, il ne reste jamais court : pour moi, qu'on a accusé de me livrer à des hypothèses théoriques, je me suis trouvé arrêté à chaque pas, et je l'ai avoué de bonne foi dans toutes les occasions : on peut le voir dans mes *Essais sur la Végétation.*

Mais malgré le tort qu'a eu M. Feburier à mon égard, et qui, selon ce qu'il m'a dit, a été plutôt l'effet des circonstances que de son intention, j'aime mieux son attaque à ciel ouvert, que les voies détournées par lesquelles on voudroit me miner sourdement.

J'ai exposé des idées nouvelles : il est certain que par cela seul j'ai attaqué celles qui étoient en crédit en ce moment; nécessairement tous ceux qui ont maintenu ces anciennes dans des écrits postérieurs au mien, devoient commencer par examiner les raisons que j'avois apportées pour soutenir mes nouvelles opinions, et les combattre franchement; c'est ce qu'on n'a point fait : persuadé de la vérité du principe, qu'il vaut mieux avoir affaire à des adversaires découverts qu'à un seul de caché, j'ai cherché à entamer des discussions ouvertes; c'est pour y parvenir que j'ai présenté au jugement de la Première Classe de l'Institut deux propositions diamétralement opposées aux opinions généralement reçues. C'étoit deux questions qu'il s'agissoit de résoudre par *oui* ou par *non.* La Moelle disparoît-elle dans le corps du Tronc et des Branches des Arbres, ou bien y persiste-t-elle? Le Liber se change-t-il en Bois, ou les deux se forment-ils indépendamment l'un de l'autre? On a répondu à la première question, et il a été décidé, suivant mon opinion, que la Moelle restoit du même diamètre qu'elle avoit la première année de sa formation. Depuis cette décision, j'ai la satisfaction de voir que cette vérité s'est propagée, M. de Mirbel lui-même l'a admise, et il l'a professée l'année dernière dans le cours qu'il a fait à l'Université. Voici comme il s'exprime dans le résumé qu'il a publié dans le *Journal Physique*, cahier de septembre, 1812.

« Le canal médullaire occupe un plus grand
» espace dans une tige encore molle et herbacée
» que dans une tige dont le liber est déjà converti
» en bois. La première couche ligneuse paroît
» donc s'épaissir un peu vers le centre; mais
» une fois qu'elle a pris de la consistance, son
» calibre ne change plus et le canal médullaire
» ne subit plus de diminution; vérité que
» M. Knight a fait prévaloir contre l'opinion
» généralement admise, que la moelle resserrée
» peu-à-peu par le bois, disparoît tout-à-fait
» dans les vieux troncs. Ce qui avoit donné vogue
» à cette erreur, c'est que dans beaucoup d'arbres
» la moelle s'ossifie, pour ainsi dire, par les
» dépôts concrets qui remplissent insensiblement
» ses cellules. »

Ainsi, par ce paragraphe, M. de Mirbel reconnoît qu'il avoit partagé jusque-là une erreur généralement répandue. C'est donc un désaveu; mais cependant il y a quelques remarques à faire à ce sujet. D'abord il dit que la tige molle et herbacée occupe un plus grand espace.

C'est-à-dire que, suivant lui, le Parenchyme, dans son état de Végétation, ou vert, est d'un plus grand diamètre que lorsqu'il est blanc ou réduit à l'état de Moelle. Eh bien! l'observation de la nature m'a prouvé que cela n'étoit pas, et que dans les Arbres chaque Utricule qui formoit la substance médullaire acquéroit un maximum dont il ne pouvoit décroître; que la différence qu'il y avoit entre le Parenchyme et la Moelle, c'est que, dans le premier, les Utricules étoient remplis d'un liquide, et que, dans l'autre, il étoit remplacé par un fluide aériforme; et j'ai prouvé que dans quelques plantes herbacées, comme l'*Hélianthus*, il arrivoit précisément le contraire de ce qu'avançoit M. de Mirbel, c'est-à-dire, que le Parenchyme augmentoit continuellement son diamètre, jusqu'à ce qu'il fût parvenu à l'état de Moelle.

M. de Mirbel parle, en passant, de la conversion du Liber en Bois, et nous nous en occuperons spécialement tout-à-l'heure. Je ne comprends pas ce qu'il entend en disant que la couche ligneuse paroît s'épaissir vers le centre; j'entends beaucoup mieux ce qu'il dit par la suite, qu'une fois ce premier moment passé, la Moelle ne subit plus de diminution. Voilà donc une vérité qu'il est forcé de reconnoître; mais suivant lui c'est M. Knight qui l'a fait prévaloir. Ici j'interpellerai M. de Mirbel, et le prierai de déclarer positivement si avant que j'eusse publié mon X^e. Essai, ou que j'eusse lu mon mémoire du 5 mars 1810, il avoit adopté cette nouvelle opinion. Jusque-là je dirai : C'est moi qui ai indiqué à M. de la Billardière le passage de M. Knight, et que personne en France n'y avoit fait attention; en sorte que c'est donc moi qui ai fait prévaloir en France cette vérité, et que c'est moi seul qui ai indiqué la source où je l'avois puisée.

Venons maintenant à la seconde question. Le Liber se change-t-il en bois? oui, affirme toujours M. de Mirbel, d'abord dans ce paragraphe, ensuite bien plus positivement dans le suivant :
« La transformation du Liber en Aubier est
» prouvée par l'observation microscopique et l'ex-

» périence. Si l'on passe un fil d'argent entre
» l'Aubier et une portion du Liber, que l'on
» ramène les deux bouts dessous l'enveloppe
» herbacée, et qu'on les croise en boucle, après
» quelques mois de Végétation on trouvera que
» la boucle renferme du Bois et non plus du
» Liber..... Duhamel introduisit des fils d'argent
» dans les couches d'Aubier; quelque temps
» après elles se trouvèrent dans le Bois. »

Nous laisserons de côté les observations microscopiques pour en venir à l'expérience qui doit démontrer la proposition contestée. Il faut convenir que M. de Mirbel n'a pas l'esprit fécond en inventions expérimentales, car malgré ses promesses il se borne à une seule, qu'il présente toujours de la même manière; cependant il y avoit une circonstance qui ne tient point au fond de la question, sur laquelle je lui avois fait une remarque, et dont il auroit dû profiter, c'est qu'il avoit tort de donner cette expérience comme de lui, puisqu'elle étoit seulement répétée d'après Duhamel. (Voyez mon VIIIe. Essai, pag. 13o, et le XIIIe., pag. 24, et *Phys. des Arbres*, tom. II, pag. 39.)

Mais M. de Mirbel dira peut-être qu'elle n'est pas la même. Effectivement, il y a ajouté une circonstance qui la dénature un peu; mais est-ce à son avantage? Pour s'en assurer, écoutons Duhamel lui-même; voici ce qu'il dit, tom. II, pag. 39 : « J'espérai acquérir plus de lumières
» en passant avec une très-fine aiguille des fils
» d'argent très-déliés dans l'épaisseur de l'écorce
» de plusieurs ormeaux, de telle sorte que les
» uns fussent passés dans les couches les plus
» intérieures du Liber, d'autres environ aux deux
» tiers de l'épaisseur de l'écorce, et enfin d'autres

» vers la moitié de cette épaisseur, et je disois :
» Si, comme le pense Malpighi, quelques couches
» corticales deviennent ligneuses, le fil qui aura
» traversé ses couches, se trouvera, au bout de
» quelques années, engagé dans le Bois ; au con-
» traire, si, comme le croit Grew, toutes les
» couches corticales restent constamment corti-
» cales, tous les fils d'argent resteront constam-
» ment dans l'écorce.

» J'exécutai ces expériences, et je fus surpris
» de trouver une partie des fils d'argent qui n'a-
» voient aucune adhérence avec le Bois, pen-
» dant que d'autres étoient recouverts d'une
» épaisse couche ligneuse. Cette variété me fit
» craindre que quelques-uns de mes fils n'eus-
» sent été *placés entre le Liber et le Bois ;* car,
» comme je n'avois pas soulevé l'écorce, mes
» fils n'avoient été placés qu'à-peu-près aux en-
» droits de l'épaisseur de l'écorce que je viens
» d'indiquer. Je répétai donc ces mêmes expé-
» riences, mais avec plus de précaution que la
» première fois ; car ayant eu l'attention de dé-
» tacher le lambeau d'écorce où je voulois placer
» mes fils (*Voyez* la figure de Duhamel, plan-
» che VI, f. 56). J'examinai, au bout de quel-
» ques années, ces arbres, et je remarquai :
» 1°. que les fils passés dans les couches cor-
» ticales extérieures étoient seulement recou-
» verts d'une pellicule morte qui se rompoit très-
» aisément ; 2°. que les fils introduits vers le
» milieu ou les deux tiers de l'écorce, étoient
» dans les couches corticales extérieures (f. 57) ;
» enfin que les fils introduits dans les couches
» intérieures du Liber étoient recouverts d'une
» couche épaisse de Bois.

» Ces expériences prouveroient, s'il y avoit

» lieu d'en douter, que la plus grande partie
» des couches de l'écorce restent toujours cor-
» ticales, sans jamais se convertir en Bois : elles
» prouveroient incontestablement que les cou-
» ches les plus intérieures du Liber se con-
» vertissent en Bois, si j'étois bien certain de
» n'avoir fait aucune rupture au Liber, en y in-
» troduisant mes fils d'argent ; mais les scrupules
» sont bien fondés, si l'on fait attention à l'ex-
» trême finesse et à la fragilité de ces couches
» intérieures ; car comme je faisois mon possible
» pour placer mes fils dans les couches les plus
» intérieures, il pourroit bien être arrivé que
» j'eusse rompu quelques fibres, et alors mes
» fils d'argent se seroient trouvés posés comme
» si je les eusse placés entre l'Ecorce et le Bois (1).
» Quoi qu'il en soit, ces expériences paroissent
» assez favorables au sentiment de Malpighi ; mais
» en voici qui nous replongent dans l'incertitude...»
Passons maintenant à l'examen de l'expérience
de M. de Mirbel, en la comparant d'un côté avec

---

(1) Les scrupules de Duhamel me paroissent exagérés ; car, ayant
soulevé l'Ecorce, il est probable qu'il a pu s'assurer bien positivement
que les fils ne sortoient point en dehors ; mais alors comment se se-
ront-ils trouvés engagés dans le Bois, sans que le Liber se soit changé
en cette substance ? D'une manière très-simple il avoit détaché l'écorce,
alors elle s'est trouvée dans le cas des Lanières dont je parle dans l'extrait qui termine cet ouvrage (V. p. 73) ; la couche ligneuse aura quitté
le corps de l'arbre pour entrer dans l'Ecorce, et elle aura enveloppé
les fils les plus près de la surface intérieure du Liber ; celle-ci, comme
je l'ai remarqué, sera devenue un véritable Epiderme. Cela s'est opéré
dès la première année ; mais par la suite la compression causée par
les augmentations de chaque année aura fait disparaître une partie de
l'Epiderme de la nouvelle écorce interceptée ; mais il en sera toujours
résulté une entrelardure.

celle de Duhamel, et de l'autre avec ma manière d'envisager la Végétation. Ici il faut supposer qu'elle n'est pas encore exécutée ; mais qu'en passant en revue ses différentes parties, on cherche à prévoir ce qui doit en résulter.

Si l'on passe un fil d'argent entre l'Aubier et une portion du Liber, dit M. de Mirbel, j'ajoute : qu'en doit-il résulter ?

Ici il manque bien des données pour répondre d'une manière satisfaisante ; mais, pour abréger, nous passerons par-dessus.

Si les deux extrémités du fil étoient libres, ils seroient à-peu-près dans le cas de ceux de Duhamel, qui se trouvoient passés dans les couches les plus intérieures du Liber ; et, suivant cet auteur, ils se trouveroient engagés dans le Bois. Pour moi je suis certain que pour peu qu'ils fussent dans l'Ecorce, ils y resteroient ; mais s'ils se trouvoient justes dans l'entre-deux des deux couches, je pense qu'ils s'y maintiendroient, si aucune cause étrangère ne s'y opposoit ; alors, comme ce seroit par une espèce d'équilibre, et que l'on sait que la Nature le conserve difficilement au bout de six semaines, à partir du développement des Bourgeons, ce fil se trouveroit engagé dans l'une ou l'autre de ces couches, et je n'ai aucune raison de penser que ce fût plutôt dans le Bois que dans l'Ecorce.

Mais, ajoute M. de Mirbel, *que l'on ramène les deux bouts du fil dessous l'enveloppe herbacée, et qu'on les croise en boucle,* qu'en arrivera-t-il ?

Ainsi voilà une complication. Si au lieu de cela, c'étoit simplement un second fil dont les extrémités fussent encore libres, et qui passât immédiatement sous cette enveloppe, il seroit absolument dans le cas des fils de M. Duhamel, passés dans les couches corticales extérieures, et, suivant lui, ils resteroient ; mais au lieu de cela, les deux fils se trouvent réunis et forment une boucle. Voilà donc une portion de Fibres corticales qui se trouvent liées de manière qu'il faudra nécessairement qu'elles marchent toutes ensemble ; mais alors comment une partie pourra-t-elle se trouver, au bout d'un certain nombre d'années, dans le Bois, et l'autre dans l'Ecorce, comme le veut Duhamel? Cependant il faudra qu'entre les deux il se soit formé chaque année de nouvelles couches. Reste à savoir comment le fil aura pu s'y prêter. De cette circonstance il doit donc résulter une contrariété dans l'économie végétale dont on ne peut calculer les effets ; et quel qu'en soit le résultat, cette expérience ne seroit nullement propre à lever les doutes que Duhamel avoit conçus sur les siennes.

Pour moi étant convaincu que toute l'écorce est jetée en dehors, par la formation indépendante de deux couches dans l'espace de six semaines, à partir du développement des Bourgeons, je suis sûr que tout l'espace renfermé dans la boucle se maintiendra dans l'Écorce et sera séparée du bois par la nouvelle couche corticale.

Non, dit M. de Mirbel, au bout de quelques mois de végétation, on trouvera que la boucle renferme du Bois et non plus du Liber.

Ainsi, suivant lui, toute l'Écorce, jusque sous la couche parenchymateuse verte, se change dans l'espace de quelques mois en Bois.

Ici donc, au nom de la Nature, j'annonce un résultat diamétralement opposé à celui que M. de Mirbel dit depuis dix ans avoir obtenu.

Mais ce qu'il y a de certain, c'est que M. de Mirbel n'a fait autre chose que de répéter les expériences de Duhamel, et précisément dans le même but, mais qu'il les a rendues beaucoup moins concluantes,

quoique, suivant ce sage observateur, elles fussent
déjà très-douteuses.

Il s'en faut donc de beaucoup que la transformation du Liber en Bois soit prouvée par l'expérience ; mais en quoi consiste cette expérience?
À établir artificiellement des Témoins qui déposent
de la vérité de cette transformation. Mais moi
j'en ai appelé de naturels pour constater la proposition contraire : *qu'il est impossible que le Liber
se change en Bois.* Je viens de démontrer le peu de
confiance qu'on doit aux premiers : qu'on tente de ré-
cuser les miens ; mais qu'on ne le fasse qu'après les
avoir examinés avec soin, sous tous les rapports.
Mais c'est en vain qu'on se tourmentera là-dessus ;
on aura beau appeler à son secours les Microscopes, ils résisteront à toutes les épreuves auxquelles on voudra les soumettre, et ils manifesteront
toujours que la formation du Bois est indépendante
de celle du Liber.

Il reste maintenant à déterminer quelles sont les
différences qui existent entre ces deux substances.
J'en ai remarqué quelques - unes d'extérieures ;
mais je me trouve encore loin d'en pouvoir assi-
gner de plus essentielles. Je pourrois, cependant,
comme un autre, exposer les remarques Microscopiques que j'ai faites à ce sujet ; mais j'avoue qu'é-
tant loin de me satisfaire encore moi-même, ce ne
seroit qu'en m'aidant du secours d'un raisonnement
subtil que je pourrois entreprendre de faire illusion
aux autres ; cependant, quoique je me sois borné, le
plus que j'ai pu, à la simple exposition des Faits, je
n'ai pu m'empêcher de la résumer dans un Tableau
de deux pages. C'est par lui que je terminerai ces
observations. C'est là qu'on trouvera réellement le
fond de ma doctrine, et c'est là qu'il faut l'attaquer

franchement si on ne la trouve pas conforme à la Nature.

J'aurois pu, cependant, à l'exemple de M. de Mirbel, la concentrer encore davantage, car on voit ici la manière dont il a présenté la sienne dans la lettre qui sert de discours préliminaire de son *Exposition de la Théorie Végétale*, et je mets en regard la mienne.

M. de Mirbel.	M. du Petit-Thouars.
Je pars de ce principe, que la masse entière de la Plante est un tissu cellulaire dont les loges diffèrent par leurs formes et leurs dimensions. Cette idée simple est la base de toute ma Théorie, et je ne pense pas qu'aucun autre avant moi ait conçu de cette manière l'organisation Végétale. (Lettre à M. Desfontaines, p. 9.)	Je pars de ce principe, que la masse entière de la Plante est un composé de deux substances distinctes, le *Ligneux* et le *Parenchymateux* ; que le *Ligneux* se dispose en fibres qui ne reçoivent plus de changemens ; que le *Parenchymateux*, au contraire, paroît dans le principe sous forme de grains détachés qui se gonflent et forment des utricules : par là il peut se prêter aux accroissemens en tous sens. Cette idée simple est le résultat de toutes mes observations. Mais Grew avoit, avant moi, à-peu-près conçu de cette manière la composition des Végétaux.

Voilà donc trois points sur lesquels je manifeste une opinion diamétralement opposée à celle de M. de Mirbel, en soutenant,

1º. Que le corps intérieur des Plantes dicotylédones n'est pas d'un plus grand diamètre dans son état de Parenchyme, c'est-à-dire lorsque les Utricules qui le composent sont gorgés de sucs, que lorsqu'il est passé à l'état de Moëlle, c'est-à-dire que ses Utricules sont gonflés d'un fluide aériforme ;

2º. Qu'il est impossible que le Liber, ou la couche intérieure de l'Écorce, fasse jamais partie de l'Aubier ou du corps Ligneux ;

3°. Que deux substances générales, distinctes dès leur manifestation, composent les Plantes, le *Ligneux* et le *Parenchymateux*.

Qui de nous deux a raison ? C'est une discussion importante, non-seulement pour la physiologie des Plantes, mais pour celle des Animaux; de plus, pour la Physique et la Chimie. Mais quel est le Tribunal compétent pour nous juger ? Je n'en connois point; c'est en vain que j'en cherche un depuis sept ans; personne n'a daigné encore m'écouter. Les uns m'ont dit, que livrés entièrement à d'autres parties, ils ne pouvoient s'occuper de celle-là; il en est qui m'ont fait entrevoir, dans le particulier, qu'ils pensoient absolument comme moi, mais qui m'ont donné et me donnent encore tort en public. Enfin il en est quelques autres qui, lorsque je leur ai proposé ces questions, se sont contentés de sourire mystérieusement, paroissant dire intérieurement : Tout le monde se trompe jusqu'à présent; c'est à moi qu'il est réservé d'indiquer la bonne route.

Je me trouve donc obligé de marcher seul, mais du moins je marche droit devant moi, et je tends vers un but déterminé. Alors tout ce qui se présente à ma rencontre se trouve nécessairement attaqué. Annonce-t-on quelques observations de Physiologie Végétale comme nouvelles, je me crois obligé de les examiner, en les soumettant successivement à ces différentes questions :

1°. Sont-elles réellement nouvelles ?

2°. L'étoient-elles pour moi ?

3°. Sont-elles favorables ou contraires à ma Théorie? C'est la plus importante, et c'est ici où je dois faire profession de la plus grande franchise.

Telle est donc la marche que je me crois obligé de tenir à l'égard de toutes les découvertes qu'on croit faire dans la Physiologie; c'est elle seule qui m'a dirigé dans l'examen que je fais de trois Mémoires de M. Palisot de Beauvois, d'autant mieux que lui-même a annoncé les Faits qu'ils contiennent comme propres à détruire toutes les Théories imaginées jusqu'à présent; mais en outre je m'y trouve positivement attaqué, quoique je ne sois nommé que comme par hasard : d'abord, lorsque par des raisonnemens purement théoriques l'Auteur est conduit à présumer que les *Dracœnas*, qui se ramifient, doivent avoir des Rayons médullaires, tandis que, par mon *Autopsie*, c'est-à-dire leur examen direct, j'ai énoncé positivement qu'ils n'en avoient pas ; secondement, lorsqu'il a déclaré qu'il pensoit que les Couches corticales se convertissoient en Bois.

Dans le troisième Mémoire, M. Palisot a étendu ses recherches aux Plantes herbacées, et il a parlé de la naissance des Feuilles dans les Rubiacées. Là il m'est facile de démontrer que je l'ai prévenu évidemment dans cette découverte, en réimprimant l'extrait d'un Mémoire sur ce sujet, lu à l'Institut deux ans auparavant; je l'avois inséré dans le *Bulletin de la Société Philomatique* avec une planche. Ce Mémoire contient plusieurs autres Faits importans, et il suffit aussi pour prouver que la forme de l'Etui tubulaire m'occupe depuis long-temps, et que j'ai reconnu dès-lors qu'elle étoit déterminée par les Faisceaux qui composent successivement les Feuilles. J'ai ajouté trois autres extraits, tirés du même Bulletin, comme pièces justificatives. Le premier, sur la méthode employée par M. Sieulle, jardinier à Praslin, pour diriger les Arbres en espalier, sur-tout les Pêchers. Ce morceau a été inséré dans la *Gazette de France*, où l'on n'a point indiqué la source où on l'avoit puisé. Il a passé de là dans plusieurs autres ouvrages périodiques où il s'est dénaturé de plus en plus, entr'autres dans la *Bibliothèque des Propriétaires Ruraux*.

Le second extrait est sur la réformation de l'Epiderme dans les Arbres, et contient, je crois, des découvertes majeures.

Le troisième, enfin, est sur l'accroissement en diamètre des Plantes Herbacées, et sur-tout de l'*Helianthus annuus*, ou Tournesol; j'ai inséré ces morceaux, parce qu'ils m'ont paru peu répandus et qu'ils contiennent l'exposition de Faits que je regarde comme très-importans, d'autant mieux que je les regarde comme ayant répondu d'avance à plusieurs des objections qu'on m'a faites. C'est dans le même but que, sous le nom d'*Aitiologie des Marcottes*, je développe ma manière d'envisager cette opération importante. Pour cela j'ai employé les figures en bois, que j'avois fait exécuter pour mes *Essais sur la Végétation*.

Enfin, M. Feburier, continuant à soutenir, dans un nouveau Mémoire, imprimé dans les *Annales de l'Agriculture Française*, que la Moëlle diminue de diamètre en vieillissant, quoiqu'il convienne qu'elle ne s'obstrue jamais entièrement, en citant pour exemple le Sureau, j'ai cherché à prouver le contraire, en employant l'examen du même Arbuste. J'ai fait à la hâte une planche dans laquelle j'ai présenté son développement : par son moyen je réalise ce que j'ai dit au commencement sur un Morceau de Bois. Ici j'en trace donc réellement l'histoire. C'est encore la relation d'un voyage, ou la simple exposition des faits, et il n'en est aucun qu'on ne puisse vérifier dans l'espace de six semaines, au plus, à dater du moment où les Bourgeons commenceront à se développer au printemps.

Je termine enfin par une addition sur la *Chute des Feuilles*. C'est encore l'examen critique d'un Mémoire de M. Beauvois; c'est-à-dire que reconnoissant la vérité des observations qui en font le sujet, j'expose les raisons pour lesquelles je ne puis admettre les conclusions qu'il en tire sous le titre d'*Aphorismes*.

Monsieur de Mirbel vient de manifester une nouvelle fois son opinion sur la formation du Bois; mais c'est avec une modification qui méritera la peine d'être examinée, c'est en faisant l'extrait, dans le nouveau *Bulletin de la Société philomatique*, année 1814, page 54, d'un *Mémoire sur l'organisation des Plantes, qui a remporté le prix proposé par la Société Teylerienne en 1812, par* M. Dieterich Georg Kieser, *Professeur à l'Université d'Iéna*. Mais contre l'ordinaire de cet ouvrage périodique, il s'est permis de réfuter, par des notes, en style direct, c'est-à-dire en son propre nom, les opinions de cet auteur qui lui paraissoient contraires aux siennes. Par-là il ouvre la porte à des discussions interminables; car, suivant les principes de la justice, on ne pourroit refuser à M. Kieser d'insérer la replique qu'il voudroit faire à l'attaque dirigée contre lui.

Il en seroit de même de toute autre personne qui ne seroit pas de l'avis de M. de Mirbel, le champ devroit leur être ouvert pour le combattre; mais quelqu'avantage qu'il pourroit résulter de discussions franches et honnêtes, le but du bulletin seroit manqué; car il ne doit avoir d'autre objet que de faire connoître le plus promptement possible les découvertes qui se font dans les différentes Sciences. Ainsi il faut espérer que les autres rédacteurs ne suivront pas l'exemple de M. de Mirbel.

C'est donc dans une de ces notes que M. de Mirbel parle de la formation du Bois. Telle est l'opinion de M. Kieser à ce sujet, suivant le rédacteur : « La sève dépose le cambium entre le corps » ligneux et le *liber*. Il se forme une nouvelle » couche de bois vers le centre, et une nouvelle » couche de liber vers la circonférence, couches qui » diffèrent l'une de l'autre par leur structure. »

Voici maintenant la note de M. de Mirbel : « Le » *cambium* développe et nourrit le liber; le liber » se partage entre le bois et l'écorce et accroît la » masse de l'un et de l'autre : *Voilà mon opinion* » *réduite à sa plus simple expression.* »

On voit par-là que je me trouve parfaitement d'accord avec M. Kieser sur la formation du Bois, si bien que, lorsque M. de Mirbel termine son extrait en disant qu'on y reconnaît l'alliance des opinions d'Hedwig et de celles du docteur Teviranus, il auroit pu ajouter les miennes; mais c'eût été violer l'engagement qu'il a pris de ne citer mon nom que le moins qu'il pourra.

Venons à l'opinion de M. de Mirbel. A force de vouloir simplifier son expression il l'a rendue difficile à comprendre : mais en la développant, on trouve qu'il dit positivement qu'il se forme aux dépens du *cambium* une couche nouvelle indépendante, qu'il nomme *liber;* que ce Liber se partage ensuite, en s'appliquant, d'un côté, sur le Bois, où il forme une nouvelle couche, et de l'autre à la surface intérieure de l'Écorce, où il y forme pareillement une nouvelle couche. Voilà donc M. de Mirbel qui adopte pleinement l'opinion de Senebier et de M. Bosc, qui imaginent un corps intermé-

diaire entre le Bois et l'Écorce et qui doit aug⌐
menter l'un et l'autre. J'ai exposé dans mon
XIIIe. Essai (voyez p. 13 et 26), les raisons pour
lesquelles je l'ai regardé comme un être de raison ;
j'y renvoie pour le moment. Il me suffira de dire
ici que par là M. de Mirbel se trouve en contradiction avec lui-même, car il a toujours regardé le
Liber comme une partie intégrante de l'Écorce : c'est
ce qui se peut voir par le paragraphe suivant, extrait de l'article Arbre, du *Nouveau Dictionnaire
des Sciences naturelles*, publié eu 1804 (voyez
tom. 2, p. 367.) « L'écorce forme une enveloppe
» plus ou moins épaisse à la superficie ; cette en-
» veloppe est formée elle-même du ᴛɪssᴜ ʜᴇʀʙᴀᴄᴇ́,
» qui est la couche la plus extérieure des ᴄᴏᴜᴄʜᴇs
» ᴄᴏʀᴛɪᴄᴀʟᴇs qui viennent ensuite, et du ʟɪʙᴇʀ,
» qui est appliqué immédiatement sur le corps li-
» gneux. Il est facile de séparer l'écorce du reste
» du végétal. »

Il est donc bien clair par ce passage, qu'il y a
dix ans M. de Mirbel reconnoissoit que le Liber
étoit une partie intégrante de l'Écorce, et que depuis il a toujours manifesté la même opinion.
Voilà la première fois qu'il s'est écarté, et je regarde
cela comme le premier pas d'une sorte de retraite ;
mais je déclare ici que je le suivrai pas à pas, et
que toutes les fois qu'il publiera quelque chose à ce
sujet, je l'attaquerai jusqu'à ce qu'il déclare franchement qu'il a été dans l'erreur, ou bien qu'il
prouve que c'est moi qui me trompe depuis dix
ans.

J'attends avec impatience d'avoir à ma disposition l'ouvrage de M. Kieser, parce qu'à sa première
inspection il m'a paru mériter d'être étudié. Les
planches curieuses sur lesquelles je n'ai fait que
jeter les yeux, m'ont paru bien exécutées et faites

réellement d'après nature. Mais d'après le peu que
j'ai vu, et l'extrait de M. de Mirbel, je vois qu'il a
suivi la même marche que tous ses prédécesseurs:
c'est d'examiner chaque partie en détail avant de
reconnoître leur ensemble. Tous ont fait comme
celui qui, voulant connoître le mouvement d'une
montre, commenceroit par la mettre en pièces pour
examiner ensuite successivement chaque roue. La
nature m'a inspiré une marche contraire : j'ai étudié
le mouvement avant d'en venir à sa cause.

Ainsi donc je me trouve dans un état de lutte
continuel; je crois combattre pour la vérité; je
ne cesserai que lorsqu'on l'aura admise, ou qu'on
m'aura convaincu que je poursuis une chimère.
Cependant par ma persévérance j'obtiens de temps
en temps quelque satisfaction. C'est ainsi qu'il a
été reconnu dans le sein de l'Institut, le 30 juillet 1810, que j'avois eu raison en soutenant que
la Moëlle, une fois formée, ne pouvoit plus diminuer en diamètre, et le 14 février 1814 il a été
reconnu pareillement dans la même société, qu'il
étoit impossible que le Liber se changeât en Bois.

C'est dans le rapport fait sur un mémoire dans
lequel j'exposois quelques observations qui me
paroissoient nouvelles; on l'a jugé digne de paroître dans le *Recueil des Savans étrangers*, en
supprimant toutefois le préambule comme n'ayant
aucun rapport avec le fond de ce mémoire. Ce sont
des considérations générales sur les Sciences, qui
me paroissent propres à terminer ce discours préliminaire.

Considérations générales sur les Sciences.

L'homme jeté sur la terre, en prend possession
en faisant connoissance avec les Objets qui l'envi-

ronnent : il est frappé par chacun d'eux en particulier, ensuite il examine tel Objet sous différens
rapports. Ayant acquis, par ce moyen, la connoissance d'un certain nombre d'Objets, il les
compare entr'eux et saisit leur point de Différence
et de Ressemblance.

Enfin, il réunit tous ces Objets ensemble et les
dispose de manière à ce qu'il puisse les retrouver
au besoin.

Quand il seroit isolé, il suivroit la même marche : on sent qu'elle seroit beaucoup plus lente ; mais
destiné à vivre en société, il réunit ses efforts avec
ceux de ses semblables.

Il faut qu'il puisse leur communiquer ses idées :
c'est par la Parole. Chaque Objet en particulier se
trouve désigné par un Nom ; toutes les Modifications dont il est susceptible reçoivent pareillement
des dénominations.

Dans tel état de civilisation où se trouve l'Homme,
il agit de la sorte ; mais ce qui caractérise le plus
la perfection de la Société, c'est la distinction des
Professions ou des États, car alors chaque Personne
ayant les notions générales, en a de particulières
sur la Profession qu'il a embrassée, et elles sont
plus étendues à raison des besoins qu'il en a journellement. Enfin, vient un dernier degré, c'est
lorsque l'Homme ne considérant plus les Objets
qu'en eux-mêmes et sans songer aux services qu'il
peut en retirer, cherche à déterminer tous leurs
rapports.

De là la Science. Elle embrasse toutes les Idées ;
mais, par son étendue, elle s'est trouvée hors de
la portée d'un seul Homme.

Elle s'est trouvée divisée en plusieurs branches
qui ont pu être cultivées chacune par un petit
nombre d'hommes.

Quoique paroissant s'élever au-dessus des notions vulgaires, elle n'a cependant pas d'autre marche que celle que nous avons indiquée.

Ainsi, chaque Objet 1°. est reconnu et désigné par un Mot; 2°. il est examiné sous tous ses rapports, et les qualités qu'on lui trouve par ce moyen sont désignées pareillement par un Mot; 3°. il est comparé successivement avec d'autres, et leurs points de Différence et de Ressemblance sont aussi distingués par des Mots; 4°. enfin, tous ces Objets sont réunis ensemble, de manière à être retrouvés toutes les fois qu'on en a besoin; de là encore des Mots désignant des Généralités de plusieurs ordres.

Toutes les Sciences se réduisent donc nécessairement à ces quatre ordres de Dénominations.

Cependant il semble que dans les Sciences naturelles on n'en reconnoisse que deux, les FAITS et les SYSTÊMES; dès l'instant que dans l'une d'elles quelqu'un présente des Idées qu'il croit nouvelles, il entend crier autour de lui: Nous n'avons pas besoin de Système, il ne nous faut que des Faits.

Si l'on analyse ces expressions, on verra que par Faits on entend la connoissance même des Objets et de leurs Modifications, et que par Système on entend la comparaison de ces Objets et leur Classification.

Ainsi, on ne demanderoit donc que la manifestation d'Objets nouveaux; mais à quoi serviront ces Objets, si on ne les rapproche pas de ceux qui sont précédemment connus? Ce sera un poids inutile pour la Mémoire. La Méthode ou leur réunion est donc aussi utile.

Ce mot de Système, qui désigne le complément de la Science, est devenu un terme de désapprobation. Il est certain que l'on a plus d'un exemple de prétendus Savans, qui, incapables de rien découvrir par eux-mêmes, n'ont passé leur vie qu'à présenter de nouveaux arrangemens ou des Systêmes.

Il est donc certain que celui qui découvre, soit un Objet nouveau, soit de simples Modifications d'Objets anciens, mais inconnus jusque là, doit chercher à les rattacher aux découvertes précédentes, c'est-à-dire les encadrer dans les Systèmes adoptés le plus généralement ; mais, d'un côté, s'il se trouve à même de saisir quelques points qui lui paroissent isolés, et qui, cependant, méritent l'attention, il doit se contenter de les signaler, pour que d'autres, plus heureux, puissent déterminer leur place. Si, de l'autre, il est à même d'observer un grand nombre de ces Objets nouveaux qui n'auroient pas été remarqués, et qu'il ne puisse les faire cadrer avec l'ordre ancien, ou qu'il lui en indique un autre, il ne doit pas balancer à présenter le nouvel arrangement qui lui a été suggéré.

Ensuite, il me semble qu'il est du devoir de tous ceux qui font profession de cultiver cette Science, d'examiner les nouveaux Objets qu'on leur présente, et de les admettre ou les rejeter, en exposant les raisons qu'ils ont de faire l'un ou l'autre.

Ils doivent suivre la même marche pour le nouvel arrangement proposé, ou pour le Systême.

Hé bien, il y a huit ans que j'ai proposé de nouvelles idées sur la Physiologie végétale, et il n'est pas encore venu à ma connoissance qu'aucun de ceux qui font profession de cette Science les ait examinées, et l'on se contente de les rejeter par cette phrase banale : Nous n'avons pas besoin de SYSTÈME, il ne nous faut que des FAITS.

Des Faits ? eh bien, prenons ce mot dans l'acception qu'on lui donne : qui en a présenté un plus grand nombre que moi? Il n'y a pas une seule des pages que j'ai fait imprimer, qui ne soit lestée par la manifestation d'une Vérité nouvelle dans tous les genres et souvent de la plus haute importance, par conséquent d'un Fait; je les ai liées entr'elles, parce que, suivant, dans leur recherche, la marche de la Nature, celle-ci me les a présentés liés entr'eux.

Outre ceux que j'ai publiés, il en est beaucoup d'autres qui restent là, sans que je sache encore comment les employer.

Je ne puis terminer ce discours sans faire quelques réflexions sur ce mot de FAIT. D'abord, qu'entend-on par ce mot? Il semble au premier aperçu qu'il n'est pas difficile d'y répondre, car ce monosyllabe est si souvent répété, qu'on doit présumer que sa signification est bien connue; effectivement il se retrouve dans le langage le plus commun comme dans le plus recherché. Depuis long-temps les Gens du monde reprochent aux Savans de se servir de termes particuliers plus ou moins étrangers à l'oreille, plutôt pour se distinguer que par nécessité. Il n'en est pas de même de celui-ci, quoique si souvent employé dans toutes les branches des connoissances humaines, et servant pour ainsi dire de bases aux *Sciences naturelles*; car non-seulement il est des plus vulgaires, mais en outre des moins bien définis : ce n'est que de son usage qu'on peut en déduire le sens; par ce moyen on voit que pour l'ordinaire on l'oppose au mot de *Raisonnement*, en sorte que l'on reproduit sous d'autres termes l'antique distinction de Théorique et de Pratique. Ainsi, par le premier, on exprime la contemplation intérieure, et par le second l'action extérieure.

Mais *faire*, c'est agir, et cela dans un but déterminé, et on obtient pour Résultat une chose faite,
ou par contraction un *Fait*; ainsi il a eu pour première cause la volonté d'un Etre agissant. Je ne
pousserai pas plus loin cette discussion; il me
suffira de faire remarquer que c'est par une grande
déviation qu'on est parvenu à lui faire signifier la
simple énonciation d'un point détaché dans l'existence d'un Etre, car ce n'est au fond qu'une *Proposition*, ou plus scientifiquement une *Thèse* dont
on garantit la vérité. Il est certain que celui à
qui on la présente a le droit de l'examiner et de
la scruter, pour savoir jusqu'à quel point elle mérite sa croyance.

Mais ces Propositions ne sont pas de même
nature, les unes sont simples, les autres composées. Ainsi, lorsque j'ai énoncé ce point, *que la
Moëlle étoit d'un aussi grand diamètre dans le
plus vieux Tronc que dans le Scion ou la jeune
branche*, il semble que pour s'en convaincre il
suffisoit de jeter les yeux sur les tronçons de différentes espèces de Bois que je présentois. C'étoit
donc une vérité simple.

Mais lorsque j'ai dit que le *Liber et le Bois se
formoient indépendamment l'un de l'autre*, c'étoit
une Proposition composée, car il falloit examiner
successivement les différens Phénomènes que présentoit leur formation. Chacun d'eux, détaché et
présenté à l'acceptation, pouvoit donc être regardé
comme autant de Propositions isolées, mais dont
on a reconnu la vérité en adoptant la Proposition
générale.

Mais la première, même, malgré son apparente
simplicité, a entraîné aussi l'acceptation d'un
grand nombre d'autres Propositions particulières;

elles consistoient dans l'énonciation des Phénomènes que présente la Moëlle dans sa formation.

Ainsi donc, à deux reprises différentes, on a reconnu la vérité du plus grand nombre de Faits que j'ai exposés sur la Physiologie végétale ; on a même reconnu les conséquences que j'en tirois pour prouver que le *Liber* et l'*Aubier* se formoient indépendamment l'un de l'autre ; mais à présent il ne me reste plus qu'une Proposition générale à faire accepter, c'est que *l'un et l'autre descendent des Bourgeons et en sont les Racines*, et il me sera aisé de le démontrer par l'ensemble de *vérités* ou de *Faits* qu'on a déjà acceptés. Par-là donc se trouve établi le Système de végétation que je propose inutilement à l'acceptation des Savans depuis dix ans ; lui seul rend utile cette foule de vérités partielles que j'ai exposées, ou, si l'on veut, les Faits dont j'ai enrichi la Science.

Mais je déclare ici que voilà la dernière fois que je me sers de cette expression ; en attendant que j'en trouve de plus convenable, j'emprunterai des Mathématiques quelques-uns de ses termes.

Ainsi, avec elles je donnerai le nom d'Axiômes à toute Proposition simple qui n'a besoin que d'être énoncée pour être acceptée ou refusée.

Il n'y a pas de Feuilles sans Bourgeons.

Je donnerai le nom de Théorême à une suite de Propositions simples dont on tire pour conclusion l'établissement d'une Proposition plus compliquée.

Le Liber et l'Aubier se forment indépendamment l'un de l'autre.

Enfin je donnerai le nom de *Problêmes* à des Propositions dont on entrevoit la vérité, mais qui ne pouvant être démontrées rigoureusement, attendent du temps de nouvelles confirmations.

La Fleur n'est autre chose que la transformation d'une Feuille et du Bourgeon qui en dépend.

On voit par-là que le Tableau dans lequel j'ai cherché à concentrer mes idées sur la Végétation, est formé de ces trois ordres de Propositions. Cependant, pour plus de simplicité, je donne le nom de *Théorémes* à toutes les Propositions de la première partie qui concerne la reproduction par Bourgeon, et celui de *Problémes* à la seconde, dans laquelle je donne l'esquisse de ma manière d'envisager la reproduction par Graine.

Je me suis procuré l'ouvrage de M. Kieser, je l'ai lu et examiné avec tout le soin dont j'étois capable et qu'il mérite ; j'en ai fait l'extrait que j'ai lu dans trois séances de la Société Philomatique ; j'ai répété déjà un très-grand nombre des Observations microscopiques qui sont la base de cet ouvrage, et je les ai presque toujours vues comme elles étoient annoncées ; en sorte que je me trouve d'accord pour les FAITS ; mais il n'en est pas toujours de même pour les conséquences : cependant j'y ai trouvé beaucoup plus de Propositions favorables à mon Système que de contraires ; c'est ce qu'on auróit vu, si j'avois pu, suivant mon intention, terminer ce Recueil par ces Extraits ; mais les circonstances ne me le permettent pas pour le moment.

TABLEAU GÉNÉRAL
DE LA VÉGÉTATION,

*Considérée dans la reproduction par Bourgeon,
ou Embryon fixe.*

THÉORÊMES.

I. Le Bourgeon est le premier mobile apparent de la Végétation.

Il en existe un à l'aisselle de toutes les Feuilles.

Il est manifeste dans le plus grand nombre des **Plantes** Dicotylédones et des Graminées.

Il est latent dans les Monocotylédones ; alors il ne consiste que dans un simple Point vital.

La Feuille est donc pour lui ce que la Fleur est pour le Fruit et la Graine.

II. Il se nourrit d'abord aux dépens des sucs contenus dans les Utricules du Parenchyme intérieur ; c'est là ce qui fait passer celui-ci à l'état de Moëlle.

Cette partie est donc analogue au Cotylédon de l'Embryon séminal.

III. Dès qu'il se manifeste, il obéit à deux mouvemens généraux,

L'un montant ou aérien ;

L'autre, descendant ou terrestre.

Du premier, il résulte les Embryons des Feuilles.

L'analogue de la Plumule.

Du second, la formation de nouvelles Fibres ligneuses et corticales.

La Radicule.

IV. Chacune de ces Fibres se forme aux dépens du *Cambium*, ou de la Sève produite par les anciennes Fibres et déposée entre le Bois et l'Ecorce.

De plus , elles apportent vers le bas la matière néces-saire à leur élongation radicale. C'est la Sève descendante.

____

V. L'évolution de ce Bourgeon consiste dans l'Elongation aérienne ou foliacée de ces Fibres.

Chacune d'elles, sollicitée par cette extrémité foliacée, apporte la matière de son propre accroissement.

C'est la Sève montante.

____

VI. Deux substances générales résultent de cette Sève, le Ligneux et le Parenchymateux.

(Grew avoit déjà reconnu ces deux substances.)

Le Ligneux se dispose en Fibres, qui ne reçoivent plus de changemens.

Le Parenchymateux paroît formé, dans le principe, de grains détachés qui se gonflent et forment des Utricules ; par-là il peut se prêter aux accroissemens en tous sens.

____

VII. La Sève est la substance alimentaire des Plantes.

Elle est puisée par les Racines, sous forme humide ; elle vient se aérer dans les Feuilles.

Elle paroît d'abord indifférente ; mais elle reçoit une appropriation particulière , suivant les espèces.

Elle ne parvient qu'aux points où elle est demandée, en sorte qu'il n'y a pas de circulation générale.

Contenant principalement les deux substances générales dont nous venons de parler, le Ligneux et le Parenchymateux, dès que l'une d'elles est employée par la Végétation , il faut que la seconde se manifeste et se dispose dans le voisinage ; en sorte que c'est une espèce de départ.

____

Reproduction par Graine ou Embryon mobile.

PROBLÈMES.

I. La fleur ne seroit-elle pas la transformation d'une Feuille et du Bourgeon qui en dépend ?

———

II. Alors la Feuille ne donneroit-elle pas les Etamines, de plus le Calice et la Corolle, quand il y en a ?

———

III. Le Bourgeon ne deviendroit-il pas le Pistil, ensuite le Fruit et la Graine ?

———

IV. Le Pistil étant donc la concentration d'une ou de plusieurs Feuilles, ne doit-il pas donner naissance à une réunion successive de Bourgeons dont les Feuilles deviennent les Ovules destinés à recevoir l'Embryon ?

———

V. L'Embryon n'est-il pas formé par la réunion de deux Molécules détachées, l'une Ligneuse, l'autre Parenchymateuse ?

———

VI. Dans ce cas ne seroit-il pas probable que l'une est fournie par l'Etamine, l'autre par le Pistil ?

———

VII. Dès qu'une fois l'Embryon est perceptible aux sens, il est détaché, ne présentant jamais d'apparence de Cordon ombilical ; ainsi il ne croîtroit donc que par Intususception.

———

VIII. Dans ce cas cet Embryon ne seroit-il pas renversé, les Cotylédons faisant alors la fonction de Racines, et la Radicule celle de Tige ou partie aérienne ?

———

TABLE

DES MORCEAUX CONTÉNUS DANS CE VOLUME.

Fin de la Table.

ESSAI SUR LA SÈVE,

CONSIDÉRÉE

COMME RÉSULTAT DE LA VÉGÉTATION.

Lu à la Société Philomatique, le 16 mars 1811.

NOTICE HISTORIQUE.

Sève. Ce mot est ancien dans la langue française; il paroît tenir au latin *Sapa*; mais celui-ci désignoit, en général, un suc épaissi, et en particulier une espèce de vin cuit. On prétend que Palladius s'en est servi dans le sens où nous l'employons, c'est-à-dire de Sève; mais je n'ai pu découvrir jusqu'à présent qu'une seule occasion où cet auteur ait employé ce mot, et c'est certainement dans le sens de vin cuit, comme on peut le voir: *Alii sorba in* sapa *asserunt dici posse servari.* (Pallad., lib. II, ch. 15.)

Si réellement ces deux mots ont la même origine, c'est donc par une grande déviation que le nôtre désigne maintenant, presque exclusivement, une substance particulière aussi facile à définir;

et nous sommes, de ce côté, plus riches que les Grecs et les Latins, qui étoient obligés de se servir de termes qui avoient des significations plus directes ou plus générales. C'est ainsi que Théophraste, chez les premiers, se sert tantôt du mot Υγροτης, qui signifie proprement *Humidité*, tantôt de celui Οπος, qui signifie *Suc*. Les Latins se servoient des mots *Succus* et *Lacryma*, Larme.

Charles-Etienne, dans son *Prædium Rusticum*, s'exprime ainsi : *Lachryma verò est is humor qui statim de secto caudice vel ramo, aut aliquibus tantùm ipso ligno prosilit et apparet. Vulgus vocat* la Sève. « La larme est cette humeur qui » coule tout de suite d'un tronc ou d'une branche » qu'on a coupée et qui se manifeste : c'est ce que » le vulgaire nomme la *Sève*. »

Dupinet, dans sa traduction de Pline, rend souvent le mot *Succus* par celui de *Save* ; sous cette forme il est plus rapproché de son origine latine : il l'est encore plus dans le mot anglais *Sap*.

Ce mot, une fois introduit dans la langue, a été pris au propre et au figuré, et a donné naissance à plusieurs expressions allégoriques ou proverbiales. Cependant Mariotte, qui est un des premiers qui ait étudié cette partie essentielle des végétaux, en vrai physicien, l'a toujours désignée par le mot général de *Suc*, sans employer celui de Sève.

Tournefort, dans son *Dictionnaire des Termes de Botanique*, qui se trouve à la suite de ses

Élémens, s'exprime ainsi : « La Sève est l'humeur
» qui se trouve dans le corps des Plantes, et qui
» leur tient lieu de sang.... » Il est à remarquer
qu'il n'en donne pas de traduction latine, quoiqu'il
le fasse presqu'à tous les autres mots ; en sorte que
dans les *Institutiones* il n'en parle pas. On voit
par la suite de cet article, que, comme les anciens,
il confond ensemble la Sève et les Sucs propres.
C'est Mariotte qui me paroît être un des premiers
qui ait distingué ces deux parties. Cet auteur a fait
des expériences très-ingénieuses à ce sujet, et elles
ont servi de bases aux travaux qui ont été entrepris
depuis. Frappé de l'analogie qu'il découvroit entre
les Plantes et les Animaux, il tenta d'expliquer les
mouvemens de la Sève, par une Circulation, et
il imagina des Valvules dans les Vaisseaux qui em-
pêchoient ce suc de descendre, une fois qu'il étoit
entré ; mais il ne présenta cette opinion que comme
une simple hypothèse, se gardant bien d'assurer
qu'il eût réellement vu ces Valvules. Il n'en est pas
de même de ses autres observations, car il n'a
cité jamais que des faits très-positifs et qui ont été
vérifiés depuis.

Le célèbre Claude Perrault l'avoit devancé dans
la recherche des principaux phénomènes que
présente la marche de la Sève, et il imagina des
expériences très-simples qui sont encore regardées
comme fondamentales.

L'Académie des Sciences a publié dans ses *Mé-*

moires, dès son origine, des recherches curieuses de plusieurs de ses Membres, sur la Sève, tels que Lahire, Magnol, Dodart et Tournefort ; mais sa digne rivale, la Société royale de Londres, l'emporta de beaucoup de ce côté par l'apparition simultanée de deux ouvrages sur l'Anatomie végétale, qui sortirent de son sein : ce sont les deux traités de Grew et de Malpighi. Ces savans travaillant chacun de leur côté, l'un en Angleterre, l'autre en Italie, fondèrent à jamais les bases de la Science. Grew s'étendit assez longuement sur la Sève ou *Sap* : il admit une espèce de Circulation, et il pensa qu'elle ne montoit que réduite en une espèce de vapeur. Malpighi dissémina, dans le cours de son traité, son opinion à ce sujet ; sous le nom de *Succus*, il distingua les Sucs propres de la Sève.

Blair rassembla avec beaucoup de précision tout ce qu'on avoit écrit sur la Sève, y ajouta ses propres observations et celles de Bradley, et il admit une sorte de circulation.

Mais Hales, à jamais célèbre par le grand nombre des expériences qu'il a exécutées avec autant de patience que de sagacité, confirma une grande partie des observations de Perrault, et il combattit avantageusement la Circulation de la Sève. Duhamel rapporta les différentes opinions de ses prédécesseurs, confirma les expériences de Hales, en ajouta de nouvelles, et parut, à son ordinaire, indécis sur le sentiment qu'il adopteroit.

Le célèbre Bonnet a beaucoup contribué aussi, par son traité sur l'*Usage des feuilles*, à déterminer la marche de la Sève.

Roger-Schabol, de son aveu, plus praticien que théoricien, a voulu cependant discuter sur les causes du mouvement de la Sève. Il paroît vouloir y placer le principe de la Végétation, et il en fait presque l'ame des Plantes ; il va jusqu'à lui donner des passions ; elle est tantôt sage et tantôt impétueuse. Il faut apprendre à diriger ses mouvemens, soit en l'excitant, soit en la calmant à propos ; quelquefois il faut l'amuser comme un enfant.

Mustel est un de ceux qui a parlé de la Sève de la manière la plus conforme à la nature. Il a combattu contre la Circulation ; cependant il pense qu'elle monte par le Bois et descend par l'Écorce.

Sennebier, plus souvent métaphysicien que naturaliste, a cependant rassemblé de bonnes observations sur la Sève. Il a très-bien vu, par exemple, que cette substance ne pouvoit pas monter par les gros Tubes qu'on observe ordinairement dans le Bois.

Darwin, dans sa *Phytonomie*, a disserté fort au long sur la Sève.

Sir Knigth publie en Angleterre, dans les *Transactions de la Société royale*, d'excellentes observations sur la Sève. Comme Mustel, il pense qu'elle monte par l'Aubier ou jeune Bois, et descend par l'Ecorce.

En France, M. de Mirbel, traitant de la Physiologie végétale en général, n'a pas oublié la Sève; mais de plus, dans un Mémoire d'abord lu à la première Classe de l'Institut, et ensuite inséré dans les *Annales du Muséum*, il a cherché à concentrer sa manière d'envisager les phénomènes que présente cette partie des végétaux; c'est en posant quatre questions importantes, auxquelles il donne les réponses qui lui paroissent les plus convenables.

Ne trouvant pas ces réponses conformes à ce que m'avoit présenté la nature, j'ai cherché, dans un Mémoire lu pareillement à l'Institut, à résoudre ces questions d'après les principes que j'avois posés dans mes *Essais* précédens.

C'est donc après tous ces travaux, que M. Feburier vient de lire dans le sein de la même Société un Mémoire dans lequel il expose de nouvelles vues sur la Sève; et comme il paroît la regarder comme la cause de la Végétation et non pas comme son effet, il a embrassé presque toute la Physiologie végétale; mais ce n'est pas, comme Schabol, un seul mobile qu'il met en jeu; il y en a deux : car l'auteur distingue la Sève *montante* de la *descendante*, et il donne à chacune des mouvemens particuliers, qui tantôt se contrarient et tantôt marchent dans le même sens ; c'est de-là que M. Feburier semble déduire les principaux phénomènes de la Végétation.

M. Feburier veut donc s'ouvrir une nouvelle route par cette explication ; par cela seul il condamne toutes celles qu'on a tracées jusqu'à lui.

Je me trouve du nombre : je suis donc tenu d'examiner sa découverte ; si je la trouve bonne , je dois abandonner la mienne pour suivre ses traces, en le publiant de bonne foi ; sinon , je dois expliquer les raisons qui me font persister dans mon sentiment. Mais, en outre, je suis attaqué directement dans ce Mémoire ; car je m'y suis entendu nommer plusieurs fois , et, de plus , il est évident qu'un grand nombre de traits sont dirigés contre mon opinion physiologique ; mais n'en ayant eu connoissance qu'en écoutant une simple lecture, je ne peux entreprendre d'y répondre sans m'exposer à faire des méprises. Je vais donc me borner dans ce moment à rassembler sous un seul point de vue ma manière d'envisager la *Sève*, c'est-à-dire que je vais considérer la Végétation sous ce rapport, quitte après , si M. Feburier fait imprimer son Mémoire, à examiner avec plus de soin les points nombreux sur lesquels il paroît différer d'avec moi. Du reste , il m'a paru qu'il y avoit un grand nombre d'observations dignes d'attention, et dont le mérite étoit indépendant des conséquences qu'en tire l'auteur.

AITIOLOGIE.

Si l'on examine, au milieu de l'hiver, un Arbre, il paraîtra desséché et privé de vie ; mais qu'on enlève la surface extérieure de l'Ecorce ou l'Épiderme, on trouvera dessous une couche continue verte et succulente ; et à partir de là, tout l'intérieur est imbibé d'humidité, mais qui paroît stagnante.

Il y a certains arbres, comme les Bouleaux, les Érables, auxquels, si l'on fait un trou ou une entaille dans le corps de l'arbre, c'est-à-dire qu'on y pratique la Térébration (Voy. *Essai XII*ᵉ, art. 12), on voit tout de suite affluer un liquide transparent très-abondant. Il en est certains d'entr'eux desquels on finit par tirer leur propre poids de ce liquide. Cependant toutes les autres parties restent toujours abreuvées à-peu-près de la même humidité.

Le printems vient et détermine le développement des Bourgeons ; alors l'écoulement s'arrête, et l'on n'aperçoit pas de différence dans la Végétation des Arbres soumis à cette opération, avec ceux qui ne l'ont pas éprouvée. C'est du moins ce que Duhamel assure.

Suivant les expériences de Duhamel, et sur-tout de Mustel, si l'on fait passer une Branche d'arbre par un passage adapté dans une Serre dont il seroit voisin (un sarment de Vigne, par exemple), les Bourgeons qui s'y trouvent éprouvant une température favorable à leur développement, poussent tout de suite et prennent l'accroissement dont ils sont susceptibles, tandis que tout ce qui est au-dehors reste engourdi jusqu'à ce que la saison soit devenue favorable. Ces deux expériences prouvent le principe que j'ai établi dans mes *Essais : La Sève n'arrive que là où elle est demandée.*

La Sève paroît donc dans un équilibre général ; mais dès l'instant qu'elle est déterminée à affluer quelque part, de proche en proche le vide qu'elle laisse par son déplacement tend à se combler.

Au printems, les Bourgeons qui sont restés stationnaires depuis leur formation, c'est-à-dire depuis huit à dix mois, éprouvant, par les effets de température, le besoin de se développer, attirent puissamment la Sève qui est dans leur voisinage ; bientôt il leur arrive toute la matière qui leur est nécessaire. Veut-on se faire une idée de son abondance ? qu'on examine un Bourgeon dans son état stationnaire, on verra que sous les Ecailles (s'il en a) se trouvent des Feuilles absolument conformées comme celles à l'aisselle desquelles reposoit le Bourgeon, mais beaucoup plus petites : on eût pu les voir dans ses Bourgeons dès le milieu de l'été ; elles ne diffèrent que du petit au grand. Qu'on prenne, par exemple, le *Tilleul :* on trouvera dans ses Bourgeons des Feuilles qui ont environ une ligne de long, tandis que les Feuilles développées ont trois pouces et plus ;

c'est-à-dire qu'elles sont trente-six fois plus larges ou plus longues. La surface de la petite feuille sera donc à celle de la grande, les supposant semblables, comme cela est réellement, comme les carrés des deux dimensions analogues $1 : \frac{1}{36}$ ou un est à 1296. La Branche ou Scion qui résulte du développement des Bourgeons, est composée des Feuilles, de plus, d'une portion cylindrique qui sépare chaque Feuille l'une de l'autre ; ce qui compose la Branche ou Tige : si nous supposons que cette partie croisse dans la même proportion que les Feuilles, le développement du Bourgeon aura donc acquis à l'arbre 1296 fois son propre poids, et cela dans un espace de temps assez court ; car il ne faut pas huit jours aux Feuilles pour acquérir toute la dimension qu'elles doivent avoir, si la saison est favorable ; mais il y a une espèce de succession dans ce développement : il s'opère de la base au sommet, en sorte que les inférieures sont les premières parvenues à leur *maximum* de dimension ; il s'ensuit que dans le plus grand nombre de nos Arbres l'accroissement en longueur est exécuté dans moins d'un mois.

Car à cette époque sa crue annuelle se trouve arrêtée ordinairement par le desséchement de la partie supérieure du Bourgeon, qui sans cela eût pu continuer long-temps son développement. Je crois être le premier qui ait fait connoître cette Décurtation.

Si l'on revient à la Feuille, on verra que, supposé que sa crue se soit faite en huit jours ou 192 heures, en divisant par ce nombre celui de 1296, que nous avons trouvé être celui de son augmentation, on trouvera qu'elle a acquis six à sept fois son propre poids par chaque heure, en sorte que par chaque sept à huit minutes elle acquiert une fois son poids primitif.

Voilà donc évidemment une grande quantité de matière acquise par la Plante. D'où est-elle venue? d'en bas, par les substances puisées par les Racines dans l'humidité, ou d'en haut par celles pompées par les feuilles dans l'air ambiant? Un fait des plus connus suffit pour décider cette question. Si l'on coupe le Tronc de l'Arbre rez terre, ou simplement une Branche, l'effet est rapide, tout se flétrit, et en peu de temps l'Arbre ou la Branche périt sans retour.

Mais si on replace ce Tronc coupé dans la terre humide ou dans l'eau, il continue à croître.

Telles sont les Boutures d'un usage si commun. Par ces faits et d'autres analogues, il seroit aisé de se convaincre que la plus grande partie du poids acquis par l'Arbre vient d'en bas étant puisée par les Racines sousforme humide; mais on voit encore par cette expérience que ce n'est pas dans les Racines mêmes que sont placés exclusivement les moyens de puiser de la Sève, et sur-tout qu'il n'y existe pas de force comparable à une pompe foulante, pour porter les Sucs jusqu'au sommet de l'Arbre.

L'accroissement étant évident, il faut juger de son effet et chercher à découvrir sa cause.

C'est en enlevant l'écorce qu'on pourra y parvenir, c'est-à-dire en pratiquant la Décortication. (Voyez *Essai XII*ᵉ, art. 3.) On sait qu'elle cède facilement au printems, et que l'on peut dépouiller un arbre de son Ecorce, tandis que pendant l'hiver elle étoit adhérente. Par ce moyen on voit que les Fibres qui entrent dans les Feuilles sont continues avec les Fibres ligneuses extérieures précédentes.

Elles se prolongent jusqu'à l'extrémité des Feuilles. Il est à remarquer qu'elles existoient évidemment, du moins les principales, dans la Feuille renfermée dans le Bourgeon, et qu'ainsi chacune d'elles s'est accrue (suivant notre calcul) de trente-cinq fois sa longueur ; mais comme ses deux extrémités existent encore, et que les rameaux qu'elle fournit se croisent ensemble, c'est une preuve évidente qu'elle a cru dans toutes ses dimensions. Ainsi ce n'est pas par Apposition de matière à son extrémité, mais par Interposition ou déposition de substances entre les Molécules qui la composoient, que cette feuille s'est accrue.

En enlevant l'Écorce, on aperçoit encore une augmentation de matière, parce qu'on découvre que cette Ecorce ne se détache du Bois que parce qu'il se trouve déposé une couche visqueuse entre les deux, et dont on ne découvroit aucune trace, puisque l'Écorce étoit contiguë avec le Bois, et subsiste maintenant tandis qu'elle est détachée d'un bout à l'autre de l'Arbre.

Il doit donc en résulter une augmentation dans le poids de l'Arbre.

Par quelle voie cette matière est-elle parvenue ?

On sait que le corps ligneux paraît composé de Canaux et de Tubes de différentes grosseurs : on les a décrits avec soin, et on les a regardés comme les Vaisseaux destinés à transmettre les sucs qui existent visiblement, comme nous l'avons dit, dans le corps des Arbres ; mais dans le Chêne, qui laisse échapper peu de Sucs, ces Tubes sont très-larges, tandis que dans le Bouleau ils sont très-étroits.

Ayant pris une tranche de Bois de Chêne coupée transversalement, je l'ai unie sur les deux surfaces horizontales ; sur la supérieure j'ai préparé avec de la cire un petit bassin, j'y ai mis des liquides colorés, de l'Encre entr'autres, que j'ai laissé séjourner ; elle n'a point traversé.

Mais prenant un fil de laiton très-mince, je l'ai fait passer dans un de ces Tubes, et je l'ai traversé de part en part ; ce qui se fait très-facilement, même à de grandes épaisseurs ; alors, ayant mis de l'Encre, elle a passé très-vite. C'est donc une preuve que ces Canaux ne sont pas naturellement perméables pour les liquides ; de plus, on le voit facilement, quand ils sont fendus dans leur longueur ; car on y aperçoit les débris d'Utricules formant des espèces de diaphragmes.

Je ne parle ici que du Chêne, car plusieurs autres arbres ont laissé passer les liquides sans aucune préparation.

Il est vrai qu'il y a d'autres Tubes plus minces; mais je ne peux rien déterminer sur leur structure; et ce qui me paroît de plus certain, c'est que, comme l'a annoncé Tournefort, et l'a dit depuis Sennebier, les Fibres montent la substance nécessaire à leur élongation par leur propre substance, comme des mêches de coton imbibées.

Voilà donc, suivant moi, la route que suit la matière qui forme les nouvelles pousses.

Mais d'où vient celle qui existe entre le Bois et l'écorce, ou le *Cambium*?

J'ai annoncé le premier, je crois, que le Parenchyme, en formant une couche continue sur toute la superficie de l'arbre, composoit une espèce de Feuille générale, qui se reformoit chaque année, et qu'elle agissoit, par l'entremise des Rayons médullaires, sur toutes les anciennes fibres, formoit le corps de l'Arbre, et les forçoit à amener de la Sève, en remplaçant pour elles la Feuille dont elles avoient dépendu l'année de leur formation.

Les Fibres ont donc une destination marquée et un but vers lequel elles tendent. Elles doivent amener la Sève à leur extrémité; mais la Circoncision ou enlèvement d'anneau cortical, et la Transcision ou des traits de scie faits en travers, annoncent que par une tendance générale à l'équilibre chaque Fibre peut communiquer latéralement aux autres les sucs qu'elle apportoit.

La Végétation une fois établie, elle continue plus ou moins visiblement. Les expériences de Mariotte, et sur-tout de Hales, ont prouvé que les Plantes enlévoient une bien plus grande quantité de Sucs ou de Sève, qu'elles n'en employoient ; en sorte qu'elles avoient une Transpiration beaucoup plus considérable que l'Homme, à raison de leur surface.

Une autre espèce d'augmentation se manifeste à l'extérieur des Arbres ; ce sont les Bourgeons : ils se forment insensiblement à l'aisselle de toutes les Feuilles, et ils paroissent dès l'instant que la Feuille est développée ; mais dans l'espace de six semaines au plus, ils parviennent à leur *maximum*, qu'ils ne dépassent plus jusqu'au printems suivant ; et déjà toutes les Feuilles qu'ils doivent produire y existent avec toutes leurs parties ; seulement elles sont dans des dimensions très-réduites.

C'est donc une excroissance qui sort de l'Arbre et qui se fait encore aux dépens des Sucs qui sont contenus dans son intérieur.

J'ai annoncé que c'étoit aux dépens de l'humeur mise en réserve dès le principe dans la Moelle du Scion, qu'il se formoit.

On peut consulter à ce sujet mon second Essai.

Lorsque le nouveau Bourgeon est entièrement

formé, si l'on soulève l'Écorce, on apercevra de grands changemens : l'humeur visqueuse aura beaucoup diminué, si elle n'a disparu totalement ; à sa place, on verra qu'il s'est formé deux couches de Fibres, l'une de bois qui recouvrira l'ancienne, et l'autre d'Écorce, qui aura chassé en dehors celle de l'année précédente.

On peut voir dans mes *Essais* la preuve que je donne de la formation indépendante de ces deux Couches.

A présent, en quoi consiste la Couche ligneuse? Évidemment de Fibres longitudinales, ou de fils tendus dans la longueur du corps de l'Arbre. Si l'on cherche leur extrémité, on trouvera l'une sous chaque Bourgeon, car on verra chacun d'eux reposer sur un faisceau de ces Fibres, et qui forme une espèce de console sur lequel il repose. L'évolution de celui du printems a appris que les Fibres qui composent ses Feuilles, étoient continues avec les Fibres ligneuses. Nous apprenons par là que celles qui existent sont dans le même cas.

A partir de ce point, nous ne trouverons plus d'interruption aux Fibres, qu'à l'extrémité des racines actuellement existantes.

Je défie depuis long-tems tous les Physiologistes d'indiquer la fin ou le commencement d'une de ces Fibres, ailleurs qu'aux endroits que j'ai indiqués. Je ne parle ici que du cours ordinaire de la nature.

De-là il s'en suit que toutes les Fibres qui partent

des Bourgeons doivent se rendre jusqu'à l'extrémité des Racines; en sorte que le Tronc, comme
un fleuve, doit être composé de toutes celles des
Branches, des Rameaux et des Scions : il doit arriver de là que la surface de la coupe de son Tronc
doit être égale à la somme de celle des branches.
Cependant Duhamel a trouvé que sur des arbres
qu'il a examinés, cette somme des Branches étant
comme cinq, celle du Tronc n'étoit que comme
quatre.

Il y a long-temps que je connois cette difficulté(*) ;
mais je ne me suis pas encore beaucoup occupé
de sa solution, parce que, si je croyois en avoir
trouvé une satisfaisante, un second fait cité par
le même Duhamel viendroit la détruire immanquablement. Voici en quoi il consiste : c'est que

____

(*) Il faut remarquer que Duhamel n'a cité pour exemple que des
arbres qui poussoient du même point plusieurs branches. Or, cela
n'arrive ordinairement que par l'effet de la taille ou de l'étronçonne-
ment ; car dans les arbres laissés à eux-mêmes, ces branches ne sortent
qu'une à une et ne fournissent qu'une simple bifurcation. C'est le cas
de tous ceux qui ont les feuilles alternes. Cela arrive aussi très-souvent
à ceux qui les ont opposées : mais ce n'est que par une espèce d'avorte-
ment ; car, dans le principe, ils devroient être trifurqués. Il seroit
important de vérifier si l'examen de ces arbres ainsi abondonnés au
cours de la nature présenteroit les mêmes résultats. J'avouerai que
dans le peu de cas où je l'ai fait, j'ai toujours trouvé que la somme
de la surface des deux branches étoit plus considérable que celle du
tronc ou de la branche primaire qui les portoit. Malgré cela je crois
que ce n'est nullement contraire à mon système, et j'espère que je
je démontrerai par la suite.

Essai sur la Sève, etc. 2

les Branches secondaires sont dans des proportions inverses , c'est - à - dire que la maîtresse
branche étant en solidité comme cinq , les branches secondaires ne seront que comme quatre.
Je me contenterai de dire ici que je pense
que la cause de ces variations vient de ce que,
comme je l'ai dit plusieurs fois , le corps des
Plantes étant composé de deux substances, le *Ligneux* et le *Parenchymateux* , et que ce dernier
étant composé , dans son origine , de grains détachés, peut varier en volume de deux manières :
1°. par la plus grande abondance de ces grains ;
2°. par la plus grande dilatation dont ils sont susceptibles ; et , de plus , ces deux cas peuvent avoir
lieu ensemble.

Mais il est toujours certain que malgré ces ren-
flemens la continuité des Fibres est évidente , et
qu'on peut la suivre , soit dans le Bois, soit dans
l'Ecorce, et qu'il n'y a pas une de ces Fibres qui
ne vienne de plus haut et qui ne descende plus
bas que le point où on l'observe.

La cause est-elle dans le haut, à la base des
Bourgeons, ou dans le bas , aux Racines ? La Circoncision annulaire répond à cela, les Fibres se
prolongent du sommet de l'arbre jusqu'à la partie
supérieure de la plaie, et s'arrêtent là , en sorte
qu'il y a au sommet une augmentation de diamètre qui n'existe pas au-dessous, s'arrêtant là.

A présent , ces Fibres étant formées du sommet

de l'arbre jusqu'à la base, que deviennent-elles ?
elles sortent en dehors, et forment de nouvelles
Racines, et elles s'alongent plus ou moins en se
ramifiant, de manière qu'elles vont en diminuant
depuis leur sortie jusqu'à l'extrémité des Chevelus.

Ici l'opération se faisant hors de la portée de la
vue, est plus mystérieuse. Il en résulte toujours
une augmentation de substance dans la masse générale de l'arbre. Il n'y a pas de Bourgeons qui se
développent comme à l'extrémité supérieure; les
filamens se prolongent donc en dehors isolément.

On voit ces Racines se prolonger sur un rocher
ou sur un mur qui ne peut leur donner d'aliment.

D'autres circonstances prouvent que c'est du
corps même de l'arbre qu'arrive la substance destinée à les former.

C'est donc encore aux dépens de la Sève
que se forment ces Racines.

Tout porte à croire qu'elles se prolongent indéfiniment jusqu'à ce que l'évolution des Bourgeons se fasse au printemps.

A présent, si l'on enlève l'écorce de ces Racines,
on verra que les fibres qui les composent sont absolument continues avec celles qui forment la
Couche annuelle, soit ligneuse soit corticale.

En sorte que sur ces deux surfaces intérieures
on pourra distinguer la partie enracinée ou qui se
trouvoit au-dessous de la surface du sol, de celle
qui étoit au-dessus.

La Circoncision et les Marcottes apprennent de plus que ces extrémités des Fibres forment des Racines dès qu'elles trouvent l'humidité et l'obscurité, en sorte qu'on peut les raccourcir ou les alonger presqu'à volonté.

RÉSUMÉ GÉNÉRAL.

La Sève est la substance alimentaire contenue dans le corps des Plantes et déjà préparée.

Elle est sous forme humide, et tend toujours à se maintenir dans un état d'Equilibre.

Elle est facile à distinguer des *sucs propres* dans quelques Plantes, parce que ceux-ci sont colorés. Mais dans beaucoup d'autres on ne fait encore que soupçonner l'existence de ceux-ci.

Elle est maintenue dans tout le corps de l'arbre, contre les lois physiques, par une *Force vitale* qui est renfermée dans l'enceinte de l'Epiderme.

Dès qu'on rompt celui-ci, cette Force vitale perd sa force, et les lois de la pesanteur se font sentir.

De là l'écoulement du Suc.

Mais celui-ci arrivant toujours où il est demandé, rétablit l'Equilibre.

La Sève arrive donc toujours où elle est demandée. La cause la plus ordinaire de ce mouvement, c'est le développement des Bourgeons.

Cette Sève est composée principalement de l'Eau

puisée par les Racines ; mais elle vient se combiner avec les principes répandus dans l'Air ou le Gaz qui le composent , par le moyen des Feuilles.

Il paroît que c'est le Parenchyme en état parfait de Végétation , c'est-à-dire vert , qui est l'agent de cette combinaison.

Aussi le Parenchyme qui se trouve sous l'Epiderme jouit-il de cet avantage.

Cette humeur est apportée directement par les Fibres , par une espèce d'imbibition , et non pas par le moyen des gros Tubes remarquables dans plusieurs espèces de Plantes.

Les Fibres, la première année de leur formation, apportent la Sève aux Feuilles dont elles dépendent.

Le Parenchyme extérieur remplace, pour les anciennes Fibres , les Feuilles dont elles dépen-doient la première année de leur formation ; ce qui produit le Cambium.

Le Cambium est la Sève déposée au printemps entre le Bois et l'Ecorce.

Le Cambium est une matière indifférente qui se trouve employée à former les Fibres ligneuses et corticales qui établissent la communication entre les Bourgeons et les Racines.

La Sève et le Cambium , dès qu'ils sont employés, donnent naissance à deux substances , le Ligneux et le Parenchymateux.

C'est une espèce de départ ; dès que l'une d'elles paroît, l'autre se dépose dans son voisinage.

Il resulte, de l'emploi de la Sève, de nouvelles parties, les unes sont *extérieures*, les autres *intérieures*.

Les parties extérieures sont *Aériennes* ou *Terrestres* ; les parties *Aériennes* sont le Scion avec ses Feuilles, ou le développement des Bourgeons précédens, de plus les nouveaux Bourgeons.

Les parties *Terrestres* sont les nouvelles Racines. On peut regarder les parties aériennes comme les produits d'une *Sève-ascendante*, et les terrestres comme ceux d'une *Sève-descendante*, bien entendu que cette Sève a d'abord monté, mais qu'elle est venue se aérer, soit dans les Feuilles, soit dans le Parenchyme cortical.

Les parties *intérieures* sont : les Fibres ligneuses et corticales, qui établissent la communication entre les Bourgeons et les Racines ; de plus, le Parenchyme déposé entre les Fibres, tant ligneuses que corticales, servant à prolonger les Rayons médullaires ; enfin le nouveau Parenchyme cortical déposé d'abord sous forme amylacée.

On peut rapporter une partie de celui-ci à la Sève ascendante, et l'autre à la Sève descendante.

L'Accroissement des Végétaux se fait de quatre manières : par Interposition, par Appropriation, par Apposition et par Juxtaposition.

L'Interposition est le dépôt d'une nouvelle substance entre celle qui étoit formée précédemment ; tel est l'accroissement des Feuilles.

L'Appropriation est l'emploi d'une substance préparée à l'avance par une cause vitale ; tel est l'emploi du Cambium pour former les Fibres *ligneuses* et *corticales*.

L'Apposition est l'accroissement d'une partie par la substance qu'elle apporte elle-même ; tel est l'accroissement des Fibres radicales.

La Juxtaposition est la formation de nouvelles parties continuant les anciennes sans en dépendre ; telle est la Moelle, qui s'accroît chaque année d'une nouvelle portion, ainsi que les Rayons médullaires.

OBSERVATIONS

Sur l'ouvrage de M. Feburier, intitulé : *Essai sur les Phénomènes de la Végétation, expliqués par les Mouvemens des Sèves ascendante et descendante.*

Opinions de M. Feburier.

Pag. 4. Dès qu'on met en terre la graine d'une plante dicotylédone, celle d'un poirier par exemple, les feuilles séminales ou cotylédones en attirent l'humidité, l'air, l'acide carbonique, et tout ce qui peut servir à la nourriture du Germe ; le germe se gonfle... ils descendent ensuite dans la radicule, dout ils déterminent les premiers développemens, ensuite ils remontent pour nourrir la plumule.

Je m'arrête ici pour faire observer que le premier mouvement de la sève est de descendre, et qu'elle se porte des feuilles séminales à la Radicule pour remonter ensuite à la plumule.

Pag. 5. J'avais garni la cheminée de ma mère de fleurs, de petites branches de myrte ; une de ces branches plongeoit par son extrémité supérieure dans le vase, et se conserva fraîche plusieurs jours : surpris de ce phénomène, je cessai d'arroser le pot de myrte ; et quand la terre fut assez sèche pour que la plante souffrît un peu, je pliai la tige pour en faire tremper le tiers supérieur dans un vase rempli d'eau. La plante s'imbiba d'une partie de cette eau, et reprit sa fraîcheur.

Rép. de M. Du Petit-Thouars.

Il paroît que l'auteur adopte une erreur générale, c'est de placer le centre de Végétation entre les deux Cotylédons, au lieu que dans le plus grand nombre des plantes Dicotylédones il se trouve placé dans la partie conique qu'on nomme Radicule. La preuve en est dans le soulèvement des Cotylédons, souvent enveloppés dans le Test, à une plus ou moindre élévation au-dessus du sol. Or, comme cet effet paroît avoir lieu simultanément avec la descente de la Racine, il nous semble évident que les deux mouvemens s'exécutent en même temps.

Voilà la première expérience qui conduit M. Feburier à reconnoître deux Sèves distinctes dans les plantes.

Mais c'est la même expérience de Perrault, qui, ayant plongé un des rameaux d'une branche fourchue dans un vase d'eau, vit que celui qui étoit dehors se maintenoit en état de fraîcheur ; depuis elle a été variée à l'infini par Mariote, Hales, et sur-tout Bonnet dans son traité sur *l'usage des feuilles.*

Tous ont vu que les parties quelconques des plantes plongées dans

Opinions de M. Feburier.

Rép. de M. Du Petit-Thouars.

l'eau en aspiroient ce qui étoit nécessaire pour l'entretien du reste ; mais il y a loin d'une immersion dans un liquide, à une simple exposition au contact de l'Atmosphère.

C'est une Feuille universelle destinée à redonner l'action et la vie à tou es les Fibres qui l'avoient perdue par la chute de leurs propres Feuilles. (*Essais* VII, Art. 6.) C'est de là que provient le Cambium, *pag.* 114, art. 10.

Pag. 7. Il est reconnu que le Parenchyme, ou tissu herbacé, a une forme de succion qui lui fait produire, quoique plus foiblement, le même effet que les Feuilles.

Hé bien, moi, j'ai observé que dès l'instant que le Bourgeon ou bouton de M. Féburier, commençoit à se gonfler, l'Ecorce se détachoit de l'Aubier, parce qu'il y avoit déjà déposition de Cambium.

Pag. 10. L'air vient-il à s'échauffer, la Sève s'élève avec rapidité ; on voit les boutons grossir à vue d'œil, quoique l'écorce soit encore adhérente à l'aubier, et qu'il ne se forme pas de Cambium.

C'est l'expérience de Mustel dont j'ai parlé dans l'*Essai sur la Sève.*

Je ne sais pas qui a pu donner une pareille explication ; mais les Erables à sucre, qui produisent plus de suc pendant la gelée que lorsque le temps se radoucit, sont une preuve évidente que la Sève est toujours en liberté dans le corps de l'arbre. Ainsi le Sep entré dans la serre peut en fournir, à moins que le froid ne soit si excessif, qu'il pénètre à une grande profondeur dans la terre.

Pag. 12. Les cultivateurs font passer une branche d'arbre dans une serre : cette branche y jouissant d'une température douce, s'y couvre de feuilles et de fleurs, quoique les autres branches exposées à l'air froid ne donnent aucun signe de Végétation. On a expliqué ce fait, en disant que la tige et les branches étoient remplies de Sève qui suffisoit au travail des branches enfermées dans la serre.

Cette explication ne me paroît pas suffisante.

Il est certain que lorsqu'il gèle à glace, les racines ne peuvent rien fournir aux branches qui sont dans la serre.

D rwin, dans sa Phytonomie, a publié plusieurs observations curieuses à ce sujet.

Pag. 13. L'ingénieuse expérience de M. Thouin, qui consiste en ce qu'il posa une greffe sur l'extrémité d'une racine hors de terre, au printemps, qui ne poussa qu'à l'automne suivant.

Je ne vois dans ce fait qu'une de ces anomalies qui se présentent continuellement aux observateurs. Pourquoi, parmi un certain nombre d'Arbres qui paroissent soumis aux mêmes circonstances, les uns s'élancent-ils avec tant de vigueur, tandis que les autres, suivant l'expression très-naturelle, quoique vulgaire, boudent ?

Pag. 16. Lorsqu'on marcotte une branche pour lui faire pousser des racines, il est certain que la sève descendante, gênée par le coude formé dans la partie de la

Les Marcottes me paroissant un des points les plus importans de la physiologie végétale, je leur consacre un article à part à la fin de ces observations. Il faut remar-

Opinions de M. Feburier. | *Rép. de M. Du Petit-Thouars.*

branche enfoncée en terre, baignera les boutons qui sont sur cette partie de la branche du côté de la tige ; mais aucun bouton ne se développera.

Pag. 18. Dès que les fortes gelées ont disparu, et que l'air s'est réchauffé, la sève, jusqu'à ce moment presque stagnante dans les racines, abonde de nouveau dans la tige ; elle se porte à son extrémité, et détermine le développement du bouton qui doit servir à son prolongement, à moins que des boutons latéraux ne soient plus exposés à l'action du soleil.

quer seulement ici qu'il paroît que M. Feburier fait dépendre la formation des Racines de la courbure de la branche...... Je peux assurer que j'ai toujours vu ces bourgeons pousser comme les autres, et je ne vois aucune raison physiologique qui s'y oppose.

La Sève paroît aussi abondante dans le corps de l'arbre que dans les racines, la Térébation en est la preuve ; mais quelle est la cause qui la fait monter ? la chaleur jointe à la sécheresse, car il faut qu'il y ait évaporation ; en voici la preuve :

Lorsqu'on taille un arbre au commencement de l'hiver, si les rameaux retranchés restent à terre à son pied, ils paroissent aussi vivans que s'ils étoient restés en place, et jusqu'au commencement du printemps ils peuvent fournir des Greffes ou des Boutures : la chaleur vient-elle, bientôt leurs sucs sont attirés au-dehors sans qu'ils puissent en acquérir de nouveau ; alors ils se dessèchent et toute la Vitalité s'évanouit.

Il en est de même des Arbres toujours verts. La première année que j'étois à la pépinière du Roule, le vent abattit deux fortes Tiges de Filaria ; je les appuyai contre un perron, et tant que le froid dura, ils paroissoient être en pleine végétation ; mais dès que la chaleur se fit sentir, ils se flétrirent sans retour ; tandis qu'une branche de cet arbuste cueillie pendant l'été, se flétrit aussi vîte que celle des autres arbres.

C'est à cette cause qu'il faut attribuer le retard de la Végétation cette année, quoique l'intensité du froid ait été beaucoup moins considérable que les années précédentes.

Pag. 18. Si la force d'ascension de la sève détermine une pousse rapide, les premières feuilles sont moins larges et plus écartées.

Je crois que la largeur, ou plutôt l'ampleur des Feuilles, est en raison de leur vigueur et de leur écartement.

Pag. 24. Si à l'entrée du printems on coupe un arbre au niveau de la terre, la sève ne se lancera pas moins jusqu'à la partie supérieure du tronc ; il s'y formera promptement une cicatrice, et la sève produira plusieurs scions d'une grande longueur si elle est abondante. Il faut observer que le diamètre de ces scions n'est pas en rapport avec leur longueur, et que les feuilles sont plus étroites et à une plus grande distance les unes des autres que dans l'ordre naturel.

Voilà l'opération qu'on nomme Recepage. L'expérience prouve qu'effectivement il en résulte des rejets beaucoup plus considérables qu'ils ne l'eussent été dans l'ordre naturel ; mais je prends à témoin tous les taillis, pour prouver à M. Féburier que plus ils sont vigoureux, plus ils sont alongés, plus leur diamètre est considérable, et que, de même, plus leurs Feuilles sont considérables ; et souvent elles sont tellement gigantesques, qu'on les prendroit pour des espèces nou-

Opinions de M. Feburier. | *Rép. de M. Du Petit-Thouars.*

velles ; mais toujours leur distance réciproque m'a paru en raison directe de leur grandeur. Ainsi , plus la plante est vigoureuse, plus les feuilles sont écartées , excepté cependant le cas d'Étiolement.

Pag. 25. Un jeune plant de quatre pieds de haut vient-il à être rabougri, les vaisseaux se resserrent, les feuilles sont plus multipliées sur le même espace, et gênent la succion de la séve. Si on coupe cette plante, il se développera un *Bourgeon adventif,* et le *scion* acquiert souvent, dans la première année, la hauteur de l'ancienne tige. Il est vrai qu'il n'a pas le même nombre de feuilles; d'où il résulte que l'écartement des feuilles est relatif à la force de l'ascension de la séve.

En comparant plusieurs individus d'une même plante, on voit que les uns sont plus vigoureux, c'est-à-dire que leurs pousses sont plus alongées, et que leurs Bourgeons ont développé un plus grand nombre de feuilles avant que de subir la Décurtation à laquelle sont soumis le plus grand nombre des arbres de nos climats, tandis que dans ceux qui sont chétifs ils ont été arrêtés après en avoir poussé un petit nombre.

Bourgeons adventifs et *scion.* Ici M. Féburier déroge à l'usage qu'il a adopté dans tout le cours de l'ouvrage, de nommer Bouton ce que je nomme constamment Bourgeon. Ici on voit l'effet du recepage ou de la taille, que j'ai expliqué, (*Ess.* XIIe. art. 6.) Mais j'annonce, au nom de la nature, que plus le Scion sera vigoureux , plus il sera garni de Feuilles, et plus celles-ci seront amples.

Il faut distinguer ici le Scion ou Branche alongée, des *Branches Rosettes* qui n'appartiennent qu'à certaines espèces, et dont nous aurons occasion de parler plus bas.

Pag. 26. J'ai dit que les vaisseaux se resserrent par le rabougrissement: on le voit dans un arbre décortiqué dont l'aubier découvert se resserre et durcit plus promptement. On connoît sur cet article les expériences de Buffon.

Hé bien , moi, je dis qu'une fois les vaisseaux formés , ou plus exactement les gros Tubes une fois formés, ils n'éprouvent plus de diminution dans leur diamètre tant que l'Arbre vit ; mais que si celui-ci vient à éprouver quelques circonstances qui le rendent moins vigoureux , il est possible que les nouveaux Tubes qui se forment éprouvent un changement dans leur volume ; et mes observations me porteroient à croire que plus il est chétif, plus les Tubes sont larges. L'expérience de Buffon qu'on apporte en témoignage, n'a d'effet qu'après la destruction de la Vitalité.

Pag. 27. Les expériences de Hales et de Duhamel prouvent que pendant tout l'hiver le diamètre des arbres augmente dans les temps humides, et qu'il diminue dans les temps secs.

Malgré l'autorité de ces deux noms, je ne crois pas que tant que l'arbre vit il puisse éprouver une augmentation bien sensible dans son diamètre, par une seule cause hygrométique : l'Epiderme est un témoin irrécusable qui semble l'attester ; car on voit

Opinions de M. Feburier.   *Rép. de M. Du Petit-Thouars.*

que cette partie des Plantes, une fois formée, est un des corps le moins susceptibles de dilatation ou de contraction. L'Arbre est-il vivant, l'Epiderme, pour se prêter à l'augmentation en diamètre, se déchire de différentes manières, et reste superposé en forme de réseau sur le nouveau ; l'Arbre est-il abattu, son bois se resserre, alors l'Epiderme atteste par des rides qu'il a gardé à peu près ses dimensions. Or donc, si pendant l'hiver un Arbre augmentoit par surabondance d'humeur, l'Epiderme seroit obligé de se déchirer, ou bien, dans le cas contraire, il deviendroit ridé ; ni l'un ni l'autre n'arrive par cette cause. Je ne peux entrer dans plus de détails, car si je l'entreprenois, ils me meneroient trop loin, ayant tant de choses nouvelles à dire sur l'Epiderme des Plantes.

Pag. 30. Les racines d'un jeune poirier (venu de pepin), qui ont reçu deux sèves la première année, l'une des cotylédons, et l'autre des feuilles, ont un grand avantage sur la tige. (De là il suit, d'après M. Feburier, que le diamètre de la racine est beaucoup plus considérable que celui de la tige.) Cet avantage, peu sensible dans les arbres à bois tendre, est plus marqué dans ceux qui ont plus de densité, tels que les chênes : le poirier, le pommier et même le tulipier sont dans ce cas. J'ai retiré de terre, en février, un tulipier d'un an qui avoit sa racine divisée en quatre parties dont chacune étoit aussi grosse que la tige, mesurée au bouton inférieur.

Voilà, comme le dira plus bas M. Féburier, un des plus forts argumens contre ma théorie, car il ne doit y avoir dans les Racines que la même quantité de Fibres qui existe dans la tige. D'abord il faut remarquer que, comme presque tous les Physiologistes l'ont observé, les sucs sont plus abondans dans les Racines. C'est sur-tout dans l'Ecorce que se fait sentir cet effet ; en sorte que, si on l'enlève, on verra que dans presque tous les Arbres cités le corps du bois n'est pas plus gros au-dessous qu'au-dessus du sol ; sur le petit nombre de ceux où se trouvera à ce point un renflement, il sera facile de découvrir que les Tubes sont plus larges, et qu'en outre la partie parenchymateuse interposée est

plus gonflée d'humidité. En outre, qu'on examine attentivement la marche des Fibres, on verra qu'elles sont toutes continues ; je défie M. Féburier, ainsi que tous les physiciens, d'y démontrer la naissance d'une de ces Fibres, qui ne vienne pas, soit des Cotylédons, soit des Feuilles supérieures.

Pag. 31. Elles renouvellent la *couche amylacée.*

Je vois encore avec plaisir une de mes expressions, et l'idée qu'elle désigne, qui fait fortune.

Id. Si la chaleur augmente graduellement et n'éprouve pas de variations, le cours de la sève n'est pas interrompu, et il n'y a lieu qu'à la formation d'une seule couche d'aubier, etc.

Tel temps qu'il fasse, dès que le cours de la Végétation est déterminé, six semaines au plus après le premier développement des Bourgeons, la nouvelle couche d'Aubier est déterminée par la décurtation des Scions ou jeunes branches ; mais dans ceux qui,

Opinions M. de Feburier.   *Rép. de M. Du Petit-Thouars.*

comme le *Robinia* (faux acacia), continuent à croître jusqu'aux premiers froids, cette couche reste le même temps à se former.

Mais si des temps froids et pluvieux, ce qui est assez ordinaire dans ce département, succèdent à la chaleur et sont ensuite remplacés par une température chaude, la sève ascendante reprend son cours, et tend à former une nouvelle couche d'aubier et de liber ; c'est ce qui empêche de connoître l'âge des arbres par le nombre des couches d'aubier.

Cet effet a lieu indubitablement par l'effeuillaison. (V. *Ess.* XIIe, art. 4.) Je présume qu'il doit effectivement en résulter une nouvelle couche d'Aubier et de Liber, mais je l'ai pas encore vérifié. Hill me paroît être le premier qui ait témoigné du doute sur la certitude de la correspondance du nombre des couches avec celle des années. Mais dans le plus grand nombre des Arbres laissés à eux-mêmes, tout porte à croire que ces deux nombres sont identiques.

Pag. 32. En général, plus les arbres sont vigoureux, toutes choses égales d'ailleurs, plus ils poussent long-temps, plus les couches d'aubier sont épaisses, et moins elles sont nombreuses. Cette observation peut non-seulement se faire sur des arbres de la même espèce, mais encore sur le même arbre où l'on voit quelquefois plus de couches d'aubier d'un côté que de l'autre.

Moi, je pense qu'il est évident que, si l'on suppose deux Arbres de même espèce et de même âge, dont l'un soit vigoureux et l'autre chétif, le nombre des Couches sera égal dans les deux ; mais ce qui les distinguera, sera qu'elles sont très-larges dans le premier et très-étroites dans l'autre, sauf le cas de double pousse par année. Si l'Ecorce n'a point été enlevée par quelque accident, je soutiens qu'il est impossible que les nouvelles couches d'Aubier ne fassent pas le tour complet de l'ancien. Je ne crois pas qu'on puisse voir, hors le cas d'accident, des cercles qui ne soient pas complets, mais je sais qu'ils sont très-souvent beaucoup plus renflés d'un côté que de l'autre.

Pag. 38. Quant à la marche de la sève, on n'avoit encore considéré que le cours de celle des racines, on avoit fait peu d'attention à celle des feuilles.

Dès les premiers temps qu'on s'est occupé de la Sève, on a distingué les deux : c'étoit le but des expériences de Perrault et de Mariotte.

Aujourd'hui, une des opinions est que la sève qui est aspirée par les racines est élaborée par les feuilles, et qu'il n'y a de sève descendante que le cambium.

C'est à-peu-près la mienne, excepté que je pense qu'il n'y a qu'une partie du Cambium qui descende.

J'ai fourni, le 21 mai dernier, à M. Thouin, qui avoit paru en

Voilà la grande expérience de M. Féburier, qui lui a occasionné

desirer, de la sève descendante.

Voici les moyens dont je me suis servi à Versailles pour me procurer de la sève des feuilles.

J'ai choisi plusieurs arbres fruitiers de quinze à vingt ans de greffe; j'ai fait à chacun deux plaies considérables de la manière suivante : à soixante-cinq centimètres de terre j'ai donné un coup de scie jusqu'à la moelle; la scie étoit un peu inclinée, pour former de la pente du centre à l'écorce; j'ai encore scié la tige à cent soixante-deux millimètres au-dessus, à la même profondeur, et avec un ciseau de menuisier j'ai enlevé le morceau de la tige qui étoit entre les deux coups de scie; j'ai uni l'intérieur de la plaie avec la serpette et le ciseau, j'ai mastiqué la partie verticale et celle supérieure de la plaie, et j'ai recouvert la partie inférieure d'une moitié de vessie que j'ai bien attachée avec du fil d'archal.

Un mètre neuf cent quarante-neuf millimètres au-dessus de cette plaie, du même côté, j'ai fait une seconde plaie, mais en inclinant la scie à la partie supérieure.

J'ai mastiqué la partie inférieure et verticale, et j'ai enveloppé la partie supérieure comme je l'ai expliqué pour la lèvre (il y a sève par erreur typographique, je suppose) de la première plaie. Ces opérations terminées, je fis ce raisonnement : Si la vessie de la lèvre inférieure se remplit, la sève ne pourra venir que des racines; mais si c'est celle de la lèvre supérieure de la plaie d'en haut, il sera certain que ce sera celle des feuilles.

Après bien des contre-temps, les 18 et 19 mai, par un temps chaud, le ciel couvert, et les nuits pluvieuses, une vessie d'un cerisier fut remplie à moitié.

Pag. 49. Un fait connu de tous les physiologistes, les a tous étonnés, et aucun, à ma connaissance, n'a

tant de dépenses, et il croit par ce moyen avoir obtenu de la Sève des feuilles; voyons donc si elle est aussi concluante qu'il paroît le penser.

Supposons une seule plaie, pour simplifier, faite comme le veut l'auteur, c'est-à-dire qu'on enlève un demi-cylindre du tronc d'un arbre, détaché en haut et en bas par un trait de scie, qu'on mastique seulement la partie verticale de la plaie, s'il y a écoulement de sève, voici comment elle aura lieu.

Si la végétation est en activité par le développement des bourgeons ou par la grande évaporation des feuilles, il est certain qu'il y aura un grand courant de déterminé du bas en haut; alors il ne sera pas surprenant que l'humidité ne se manifeste à la partie inférieure de la plaie, et cela aura lieu à quelque degré d'élévation qu'elle soit faite sur le tronc de l'arbre.

Si la température baisse, et qu'elle devienne froide et sur-tout humide, comme cela arrive pendant la nuit, il n'est pas douteux que, l'évaporation cessant, le courant de la Sève diminuera d'activité; mais comme il ne s'arrêtera qu'insensiblement, il en résultera qu'il y aura augmentation dans le volume des fluides renfermés dans le corps de l'arbre, alors *quâ datâ portâ ruunt*, ils retomberont par leur propre poids, et trouvant les pores ouverts à la partie supérieure de la plaie, il me paraît évident qu'ils suinteront par là, mais ce sera bien certainement la même Sève que celle qui tendoit à monter.

Voilà précisément la confirmation de l'explication que je donne de l'expérience de M. Féburier : pourquoi attribue-t-il ici cet écoulement de suc à la sève des racines, et non pas à celle des feuilles?

Il en est de même de la production du suc de l'Areng à sucre

Opinions de M. Feburier.

Rép. de M. Du Petit-Thouars.

tcuté de l'expliquer. Lorsqu'on fait, au printemps, une incision à un arbre, pour en tirer la sève, elle coule plus abondamment la nuit que le jour ; ce qui prouve que la sève des racines peut monter la nuit comme le jour.

observé par M. de la Billardière, et cité en note par M. Féburier.

Il est évident que cela provient de la même cause que j'ai expliquée plus haut, l'Évaporation beaucoup moins forte la nuit que le jour.

P. 53. Ces racines aériennes, (ou les feuilles communiquent) donc directement avec les racines souterraines, par les vaisseaux ligneux de l'étui médullaire de la tige ou des branches, et ne peuvent fournir de nourriture aux boutons que par cette communication.

Voilà la conclusion de deux pages environ, dans lesquelles M. Féburier développe à sa manière l'intérieur des plantes, et voilà que justement nous nous trouvons d'accord à ce point.

Cette sève des feuilles, combinée avec celle des racines, forme du cambium qui pénètre entre l'écorce et l'aubier, et donne naissance à un nouveau liber et à un nouvel aubier. Ces deux nouvelles couches tendent à éloigner l'épiderme et les feuilles du centre de la tige, et à comprimer l'étui médullaire.

Ici nous nous écartons bien loin l'un l'autre pour la formation du Cambium ; mais nous revenons d'accord pour la formation indépendante des deux nouvelles couches de Liber et de Bois ; mais je demande que M. Féburier réponde franchement à la question que je vais lui faire : Avoit-il cette idée avant d'avoir lu mes Essais, ou de connoître de toute autre manière mon opinion à ce sujet ?

Comme je m'honore infiniment de son suffrage, il est bon de savoir si dans cette occasion il professe ce qu'il a découvert par lui-même ; alors, je serois heureux de m'être rencontré avec lui ; ou bien si c'est seulement une approbation de ma manière de voir, dans ce cas, ce seroit pour moi un dédommagement du silence que MM. les Commissaires de l'Institut, chargés d'examiner la vérité de cette proposition, ont jugé à propos de garder.

P. 54. Le second effet est de resserrer les vaisseaux séveux de l'étui médullaire, ces vaisseaux n'ayant pas encore acquis la dureté dont ils sont susceptibles. Cet effet se renouvelle chaque année, jusqu'à ce que la résistance que les vaisseaux opposent soit plus grande que la force de compression.

Mais aussi, d'un autre côté se trouve une compensation, car il se refuse d'admettre leur sentiment sur un autre point également important, et que j'avois soumis en même temps à leur jugement ; c'est que la moëlle ne diminue pas de diamètre en vieillissant.

Elle ne peut jamais causer l'oblitération de l'étui médullaire, mais seulement diminuer son diamètre.

| *Opinions de M. Feburier.* | *Rép. de M. Du Petit-Thoüars.* |

Je n'ignore pas que cette opinion paroît opposée à celle de M. Du Petit-Thouars et des Commissaires de l'Institut qui l'ont jugé.

J'observe, en outre, que MM. les Commissaires et Du Petit-Thouars ne paroissent pas avoir fait d'expérience pour s'assurer si l'étui médullaire n'éprouve pas une réduction ainsi que l'aubier. Ces expériences sont simples, il ne s'agit que de couper la moelle de la pousse de l'année, au-dessus d'un œil, de mesurer le diamètre de l'étui, et de le vérifier quelques années après, pour juger s'il y a eu diminution. J'en ai trouvé une très-sensible, et qui ne m'a nullement étonné, puisque l'étui médullaire suit la même marche que les autres couches. etc.

Si l'étui médullaire se remplit par la suite, il me paroît que ce fait n'a lieu que parce que la moelle est plus concentrée et que les divers sucs qui y pénètrent se combinent avec et s'ossifient dans les utricules.

Comme M. Féburier a vu et touché les pièces qui ont convaincu MM. Desfontaines, de Jussieu, et la Billardière, je n'ai plus de moyens d'attaquer son incrédulité.

Je vais cependant chercher à présenter, pour d'autres moins prévenus, les motifs de ma croyance à cet égard.

D'abord, examinons l'expérience de M. Féburier : elle consiste à couper un jet de l'année au-dessus d'un œil, c'est-à-dire de former un chicot ou argot, et d'y mesurer le diamètre du Bois et de la Moelle.

Et M. Féburier trouve qu'au bout de quelques années l'une et l'autre se sont rétrécies.
Mais il est certain que par cette opération là voilà une partie exposée au grand air, contre son état naturel. Qu'en doit-il arriver ? C'est qu'elle perdra sa Vitalité jusqu'à une certaine profondeur. Ce sera donc par conséquent du bois mort et soumis à la contraction qui arrive alors ; il est donc certain que si dans ce cas la Moëlle diminue de diamètre, il s'en faut de beaucoup que ce soit une raison pour penser que cela lui arrive dans son état naturel.

Et le fait est que cela ne lui arrive pas, comme je m'en suis assuré nombre de fois en examinant des arbres étronçonnés, surtout des Sureaux ; j'ai vu que la moëlle étoit du même diamètre dans la partie morte que dans la partie vivante dont elles étoient la prolongation ; il suffit encore, pour s'en assurer, de considérer un vieux sep de vigne.

Je ne connois qu'un moyen de juger ce qui se passe dans le centre d'un Arbre vivant, c'est d'en choisir sur un certain nombre d'espèces et d'âge à peu-près semblable, et d'en disséquer quelques-uns.

Je vois un pied de Sureau isolé, j'examine tous les Scions ou branches de l'année, et j'examine l'intérieur des plus grosses et des plus minces, par-là j'apprends que le diamètre de leur Moëlle varie depuis une ligne jusqu'à neuf ou dix. Je vois ensuite des Troncs qui ont vécu plusieurs années, je les scie en travers, j'y trouve de même des corps médullaires, qui, dans les uns, n'ont qu'une ligne de diamètre, mais ils sont plus larges dans d'autres ; enfin, j'en trouve où ils ont le maximum des plus vigoureux Scions de l'année. Je fens longitudinalement un de ces troncs venus de Graine, je vois qu'à la base la Moëlle est presque réduite à un filet ; mais en montant, elle acquiert de plus larges dimensions : j'aperçois facilement la raison de cette variation, en me reportant au moment où la Plante est sortie de la Graine. A cette époque sa tige avoit à peine une ligne de diamètre en tout, en sorte que sa Moelle ou son parenchyme intérieur en occupoit à peine la moitié. Successivement l'arbuste a pris de plus grandes dimensions, et cela dans toutes ses nouvelles parties, par conséquent dans la Moelle aussi. Il en est de même de tous les arbres.

Pag. 35. Je nomme Aubier la couche de bois formée dans l'année, et qu'on distingue souvent des anciennes couches, dans plusieurs arbres, par sa couleur, et toujours par sa contexture plus lâche, les vaisseaux ligneux étant moins resserrés et moins durs.

J'admets cette définition de l'Aubier, excepté que je ne reconnois pas que sa contexture soit plus lâche, seulement elle est plus abreuvée de sucs; aussi suis-je dans l'opinion que le plus grand nombre des arbres ayant des couches concentriques absolument de même nature ou homogènes, n'ont pas proprement d'Aubier; ou, comme d'autres l'ont dit, leur Corps ligneux reste toujours Aubier.

Id. J'observe que j'ai fait de nombreuses expériences que je continuerois encore, si des circonstances malheureuses ne s'y opposoient.

On peut voir dans l'ouvrage de M. Feburier la suite de ces expériences, qui consistent à soulever des lambeaux d'écorce et à les isoler de différentes manières, entr'autres par des lames d'étain; en sorte qu'en général il n'a fait que répéter les expériences de Duhamel: seulement il a mesuré à différentes époques, sur le bois mis à nu, le diamètre qu'acquéroit successivement le tronc ou les branches.

J'en ai tenté aussi beaucoup, mais c'étoit pour me mener à des résultats où je ne pouvois être conduit par le Cours ordinaire de la nature; en sorte que j'ai écouté celui-là de préférence. Presque toutes les expériences de M. Feburier avoient pour but de s'assurer du moment où se forment les couches de bois ou d'écorce. Je crois que le développement successif d'un Bourgeon, tel que je l'ai exposé dans mon IIe. Essai et dans le XIe, art. 18 et suiv., détermine d'une manière bien plus précise l'époque où la nouvelle couche ligneuse est formée dans les Arbres livrés au cours de la nature.

Pag. 64. Ces expériences ayant eu les mêmes résultats que celles que j'ai faites et souvent répétées depuis vingt ans, j'en tirerai les mêmes conclusions.

1°. L'Aubier n'augmente pas de diamètre, tant qu'il n'y a pas de sève descendante, et il faut qu'elle commence à être abondante pour la production d'un nouveau liber et d'un nouvel aubier.

Et moi, de l'examen du cours de la nature, considéré dans le développement du Bourgeon, je dis que dès que ce Bourgeon a commencé son évolution, il paroît dans l'aisselle des nouvelles feuilles développées, de nouveaux Bourgeons, et que ceux-ci tendent tout de suite à établir leur communication radicale par le moyen des fibres ligneuses, et que peu de temps après elles sont déjà visibles: donc il doit déjà y avoir une augmentation en diamètre.

Opinions de M Feburier.	*Rép. de M. Du Petit-Thouars.*

2°. La sève descendante influe davantage sur le prolongement de la tige, et celle des feuilles sur celui des racines.

Suivant moi, l'alongement du Bourgeon se fait par la Sève puisée par les Racines, et qui vient se aérer dans les Feuilles ; celui des racines se fait pareillement par la Sève, ou le liquide puisé par les anciennes racines, et qui s'est aéré, soit dans les feuilles, soit dans le Parenchyme cortical.

3°. L'aubier dépouillé de l'écorce et exposé à l'air, se dessèche et il n'en sort pas de Cambium pour former une nouvelle écorce ; mais le contraire a lieu si on met l'aubier à l'abri du contact de l'air.

Lorsque l'Écorce d'un arbre est enlevée, dans aucun cas il ne sort de Cambium ; mais il arrive souvent que par la tendance de la nature à réparer ses pertes, la superficie même du Bois ou de l'Aubier se change dans une espèce d'Epiderme, à l'abri duquel les réparations s'opèrent ; elles ont lieu par un gonflement ou boursouflement d'une matière verdâtre, gorgée de sucs : elle paroît d'abord comme des espèces de pustules, mais elle finit par remplir tout l'espace décortiqué. Quand la réparation e t complète, alors on aperçoit que cette nouvelle partie est composée d'un Epiderme qui n'est autre chose que l'ancienne surface du Bois, d'un Parenchyme vert et suc-

culent, d'un nouveau Liber continu avec l'ancien, enfin d'un nouvel Aubier dont les fibres sont également continues avec les anciennes.

Cet effet a lieu presque toujours, lorsqu'on met la plaie à couvert par un moyen quelconque ; mais il arrive aussi très-fréquemment, quoique l'endroit décortiqué reste à découvert.

4°. Si on soulève une lanière d'écorce et qu'on interpose un corps entr'elle et l'aubier, le cambium suintera de l'aubier pour produire une nouvelle écorce et un nouvel aubier qui repousseront en dehors le corps interposé : d'où il suit que l'écorce et l'aubier ont la faculté de produire séparément de l'écorce et de l'aubier.

Duhamel avoit déjà conclu de ses nombreuses expériences, que le bois pouvoit former et de l'Ecorce et de l'Aubier, et que la surface intérieure du liber pouvoit également produire et du nouveau Bois et une nouvelle Ecorce, et il attribuoit pareillement ces nouvelles productions au suintement du Cambium ; mais il n'a pas plus lieu que dans le cas précédent, c'est-à-dire quand l'Ecorce fait de nouvelles produc-

tions ; car sa surface se change pareillement en un nouvel Epiderme à l'abri duquel se forme la réparation ; et quand elle est complète, on voit évidemment qu'elle établit une communication entre la partie supérieure de l'arbre et l'inférieure.

Opinions de M. Feburier.

Rép. de M. Du Petit-Thouars.

Je voulois aussi constater par des expériences, 1°. que tant que l'arbre conserve ses feuilles, et qu'il végète, il continue à grossir, quoique ses branches n'alongent plus, parce qu'il se forme du *Cambium* ;

2°. Que ce sont les feuilles, et non pas les boutons, qui contribuent à cette formation du Cambium, et conséquemment à l'augmentation du volume de l'Arbre. J'ai donc continué à mesurer le diamètre de mes Arbres et à renouveler d'autres expériences.

P. 66. Le 11 juillet, les boutons étant bien apparens, je dépouillai un Cerisier de ses feuilles, et je lui enlevai une plaque d'écorce ; il avoit 77 millimètres de circonférence. Je coupai à un autre Cerisier tous les boutons, et je lui enlevai une plaque d'écorce égale à celle du premier Cerisier.

Je fis également ces premières opérations à un Poirier dont la circonférence étoit de 98 millimètres, et les secondes à un autre Poirier de 85 millimètres de circonférence.

L'examen du développement des Bourgeons m'a appris, de la manière la plus claire, que la plus grande partie de l'augmentation en diamètre étoit faite dans l'espace de six semaines, et qu'alors le Cambium qui avoit été si abondant devenoit de plus en plus rare, et finissoit par disparoître.

Suivant mes remarques ultérieures, que j'ai consignées dans mon XIe. Essai, art. 21, p. 210, les feuilles, après leur développement, établissent une nouvelle communication directe avec les Racines par la formation de Fibres ligneuses ; par là elles concourent à l'augmentation du diamètre de l'arbre. Je suis de plus en plus persuadé, que la majeure partie provient des Bourgeons.

Mais, dans aucun cas, ni la Feuille ni le Bourgeon ne participent à la formation du Cambium, puisque celui-ci est le produit de la couche parenchymateuse verte de l'Écorce.

Voilà donc deux suites d'expériences : 1°. des arbres auxquels on a ôté les feuilles en laissant les Bourgeons ; 2°. d'autres auxquels, au contraire, on a laissé les Feuilles en ôtant les Bourgeons. Et cela s'est pratiqué au premier juillet, époque où, suivant mes observations, l'augmentation en diamètre est terminée, et où les arbres travaillent à la formation des nouvelles Racines.

Que doit-il arriver de ces expériences ?

La première n'étant autre chose que l'opération que j'ai nommée *Effeuillaison*, d'après ce que j'en dis (*Essai XII*^e. art. 4), voici ce qui doit en résulter dans le plus grand nombre des Arbres : c'est que les Bourgeons qui ne devoient se développer que le printemps suivant, vont le faire tout de suite, c'est-à-dire que leurs Feuilles vont paroître ; et il est certain que tant que durera leur évolution, il n'y aura pas d'augmentation en diamètre sensible ; mais comme chacune de ces nouvelles feuilles aura dans son aisselle son Bourgeon, et que celui-ci tendra à établir sa communication radicale, il en résultera nécessairement une augmentation en diamètre ou une nouvelle couche de Bois et d'Aubier.

Opinions de M. Feburier.   *Rép. de M. Du Petit-Thouars.*

P. 69. On voit que les Arbres qui avoient perdu leurs feuilles, n'avoient pas grossi, et que ceux, au contraire, qui les avoient conservées et auxquels on n'avoit enlevé que les boutons, avoient continué à former du Cambium, de l'Aubier et du Liber ; d'où il résulte que ce ne sont pas les boutons, mais seulement les feuilles qui déterminent l'augmentation des arbres en volume.

Il résulte également de l'augmentation de circonférence de tous ces Arbres, qu'ils continuent à grossir, quoiqu'ils ne poussent plus, jusqu'à ce que les feuilles cessent de remplir leurs fonctions.

Tels sont les motifs qui m'ont déterminé à adopter l'opinion que j'ai présentée sur la formation de l'aubier et du liber.

Quant à la seconde opération, celle de retrancher les Bourgeons en laissant les feuilles, j'avoue qu'en faisant l'énumération des opérations qu'on pouvoit faire subir à un arbre, je n'ai pas songé à celle-ci : dans le fond, c'est un Ébourgeonnement compliqué ; mais qu'en doit-il résulter ?

Je pense que la nature tendra promptement à réparer la perte des Bourgeons en en reproduisant de nouveaux : dans ce cas, ou ce seront des Bourgeons provenant des Stipules, qui ne sont pas apparens, et que j'ai nommés *supplémentaires*, ou bien ce seront ceux plus mystérieux jusqu'à présent, que j'ai nommés *adventifs*. Dans l'un et l'autre cas, ces Bourgeons travailleront en même temps à leur élongation aérienne et à leur communication terrestre ; d'après cela je ne serai pas surpris qu'il se manifeste assez promptement une augmentation en diamètre.

Mais rien ne peut me porter à croire que les Feuilles y entrent pour la moindre chose.

Une troisième suite d'expériences peut vérifier cette conjecture, et je suis étonné qu'elle ne soit pas venue à l'esprit de M. Feburier ; c'est d'enlever totalement et Feuilles et Bourgeons : je suis persuadé que dans ce cas il arrivera la même chose que dans la seconde expérience, celle où l'on a laissé les feuilles seulement.

Pag. 70. MM. Mirbel et Du Petit-Thouars ont publié dernièrement des théories séduisantes sur la formation de l'aubier et du liber. Je dirai avec la même franchise pourquoi je n'ai adopté aucun de ces systèmes. Je commence par M. de Mirbel.

P. 82. Le système de M. Du Petit-Thouars m'a également présenté des difficultés aussi insurmontables. Cet auteur suppose, n°. 7, pag. 7 *de ses Essais,* deux points vitaux, l'un dans le Bourgeon, et l'autre dans la Racine, d'où s'élancent les deux parties d'une fibre qui s'anastomosent au point du contact.

Effectivement M. Feburier consacre environ douze pages à exposer le système de M. Mirbel et à combattre ce qui lui paroît contraire à sa manière de voir.

On peut voir mon véritable Système dans le tableau que j'en présente en tête de cet ouvrage. Il commence le onzième Essai ; mais dans le premier, j'étois loin encore de prétendre exposer un système complet, je me bornois à présenter une suite de faits ; il est vrai que leur examen m'a conduit à reconnoître quelques lois générales de la Végétation, que j'ai exprimées ainsi :

Art. 8. Enfin , je puis croire qu'à l'aisselle de chaque feuille correspond un *Point vital* ; mais ce point caché demande, pour se développer, des circonstances particulières.

Art 9. Ce Point vital est absolument analogue à la Graine : comme elle, il paroît composé de deux parties qui tendent sans cesse, l'une à se mettre en communication avec l'air et la lumière, l'autre à s'enfoncer dans l'humidité et les ténèbres.

Art. 10. C'est donc le développement des Bourgeons qui, selon moi, produit l'accroissement des troncs. Cette observation, qui semble d'abord un fait isolé, m'a conduit à reconnoître une loi générale d'accroissement dans les végétaux , bien conforme par sa simplicité avec la marche ordinaire de la nature.

Tels sont donc les principaux points de mon premier Essai, par lesquels j'ai jeté les bases de ma Théorie végétale.

Opinions de M. Feburier.

Ensuite, il fait seulement partir la fibre d'un point vital du Bourgeon, pour descendre dans la racine, pag. 21 et 97.

Rép. de M. Du Petit-Thouars.

Je m'exprime ainsi dans le second Essai, art. 15. C'est là que, tirant les conséquences du développement du Bourgeon d'un Marronier d'Inde et d'un Tilleul, j'en déduis les principes de cette Théorie générale. Au lieu de suivre cet ensemble, M. Feburier saute tout de suite à la page 97, où je parle de la formation des Bourrelets ; ce qui n'est qu'un cas très - particulier et qui n'a qu'un rapport très-éloigné avec ces premières bases.

Enfin il déclare, pag. 132, que l'opinion que, pour qu'une fibre en produise une autre, il faut qu'elle se fende dans toute sa longueur, comme certains polypes, est à-peu-près la sienne. Cette opinion est cependant bien différente des deux premières.

Il est certain que, comme le dit M. Feburier, cette opinion est bien différente des deux premières ; mais est-elle bien réellement la mienne ? pour s'en assurer, il faudroit lire de suite les articles 11 et 12 de mon VIIIᵉ. *Essai*, par-là on verroit que c'est justement pour faire voir le peu de probabilité de ce sentiment que je le cite, le regardant comme contraire au mien. Voici comme je m'exprime :

» Quelle force a pu déterminer toutes ces parties à se réunir ? Je ne peux concevoir qu'un moyen pour qu'une Fibre en produise une autre ; c'est qu'elle se fende dans toute sa longueur comme certains polypes. »

J'ai dit que cette opinion étoit à-peu-près la mienne.

Si l'on poursuit, on verra évidemment que cette dernière phrase se rapporte à un passage de Duhamel que j'ai cité plus haut.

Je voudrois bien savoir pourquoi M. Feburier s'est ainsi amusé à sauter de page en page pour trouver mon système, tandis que je l'avois concentré en tête du XIᵉ. Essai, tel que je le présente au commencement de cet ouvrage.

Cette conséquence est un peu plus d'accord avec mes principes,

P. 83. Il résulte de ce système, que chaque fibre se prolongeant de

Opinions de M. Feburier.

l'extrémité d'une Tige ou d'une Branche, à une autre extrémité des Racines, il existe la même quantité de Fibres dans la Tige que dans les Racines, et dans les Branches que dans la Tige, moins celles de quelques Boutons avortés dans la Tige, et dont les Fibres ne sont pas développées en dehors.

Mais j'ai déjà observé que les Racines ayant reçu le produit de deux sèves la première année, étoient en général plus fortes que la tige à la fin de cette année, principalement dans les plantes dont le bois est dur et dont la tige pousse lentement. Les Racines, à raison de leur diamètre et de leur nombre, présentent quelquefois un volume trois et quatre fois plus considérable que celui de la Tige. Cette dernière ne contient donc pas alors autant de fibres que les Racines. Il n'est pas de Pépiniériste qui ignore ce fait.

Tout le monde sait également que si une Racine traverse un mur par une ouverture de cinq à six lignes, et qu'elle trouve une nourriture abondante de l'autre côté de ce mur, elle s'y étend, et son diamètre augmente des deux côtés du mur, sans qu'il puisse prendre aucun extension dans le mur, à raison de la résistance qu'elle y trouve. Il se forme dans cette partie un étranglement; il n'y a donc pas de continuité des fibres dans cette partie des Racines, autrement il faudroit que la compacité, dans cette partie, fût proportionnée aux volumes des autres parties, ce qui n'est pas.

Rép. de M. Du Petit-Thouars.

et je l'admets pour le cours ordinaire de la nature dans les Plantes dites dicotylédones.

Mais ce n'est pas une raison pour que la Tige, quoique formée de la même quantité de Fibres, soit de même grosseur, parce que par un autre des principes que j'ai reconnus, ces fibres ligneuses se trouvent toujours entremêlées de substance parenchymateuse. J'ai dit que, si les premières étoient invariables, il n'en étoit pas de même de la seconde, qui pouvoit être plus ou moins abondante.

Mais comme Pépiniériste, et par conséquent à même de consulter souvent la nature dans les jeunes plantes, je sais que, pour l'ordinaire, l'augmentation extérieure que présentent souvent les Racines ne vient que de leur Ecorce qui est gorgée de sucs, tandis que le corps ligneux est pour l'ordinaire dans les proportions naturelles.

J'ai souvent vu des Racines traversant ainsi un mur; mais je n'y ai pas remarqué cet étranglement, que je regarde cependant comme très-possible : il faudroit l'examiner pour prétendre l'expliquer; et en attendant, je vois très-bien que ce que j'ai déjà dit ci-dessus au sujet du renflement des Racines, peut s'appliquer ici, la surabondance de l'humidité des deux côtés du mur, de plus la dilatation du corps parenchymateux.

Opinions de M. Feburier.

Rép. de M. Du Petit-Thouars.

P. 84. Duhamel, en voulant s'assurer du rapport des Racines au Tronc, et de la Tige aux Branches, trouva des différences considérables, qui étoient quelquefois du cinquième, quoique la densité fût à-peu-près la même. Le nombre des Fibres n'étoit donc pas le même dans toutes les parties de l'arbre.

Voilà le fait dont j'ai parlé dans l'Essai sur la Sève. Duhamel l'expose, *Physiq. des Arbres*, liv. I, ch. V, p. 95 ; mais là il ne parle nullement de la densité réciproque des branches au tronc. Il est certain que dans mon Essai j'ai évité d'aborder cette question, en disant que si je trouvois une explication satisfaisante de ce fait, comment pourrois-je l'appliquer à la suite de cet article de Duhamel, où il dit que dans les Branches secondaires le le contraire a lieu, c'est-à-dire que leur diamètre est moindre d'un cinquième que celui de la maîtresse branche d'où ils partent ; mais ce fait est beaucoup plus remarquable dans les arbres étronçonés ou soumis à la taille, que dans ceux qui sont laissés à eux-mêmes ; en sorte que cela tient à la contrariété qu'éprouve la nature.

Id. Le même auteur ayant décortiqué un arbre, et M. Du Petit-Thouars en ayant trouvé un qu'on avoit privé de son écorce, vérifièrent qu'il avoit suinté par les pores de l'aubier une matière mucilagineuse qui avoit formé une nouvelle couche d'écorce et une autre d'aubier. Mais cette matière, au lieu de s'étendre des bords supérieurs et inférieurs de la plaie, avoit formé des plaques isolées d'écorce et d'aubier ; c'est ce que reconnoît M. Du Petit-Thouars, qui, ne cherchant que la vérité, expose les faits les plus contraires à son opinion avec une franchise digne d'éloges. Il se forme donc, dans ce cas, des fibres ligneuses et corticales qui finissent obruptement après quelques lignes de cours, et qui n'ont ni extrémité foliacée, ni extrémité radicale, selon les propres expressions de l'auteur, pag. 79 de ses Essais.

On peut voir ce que j'ai dit plus haut au sujet des boursouflemens qui se manifestent ainsi sur le bois des arbres décortiqués, ainsi que l'extrait d'un mémoire sur ce sujet qui a paru dans le Bulletin de la Société Philomatique (n°. 48). Je répéterai seulement ici que la matière verte ou réparatrice ne suinte jamais en dehors : la superficie du bois se desséchant forme un nouvel Épiderme, et c'est sous son abri que s'opère la réparation ; mais les efforts qui tendent à ce but n'ont pas toujours un résultat heureux. Il paroît que des obstacles, que nous ne connoissons pas, ne permettent pas toujours à ce nouvel Épiderme de se soulever également ; mais ce qui est digne de remarque, c'est qu'il paroît qu'il n'y a qu'un espace de temps assez court pour perfectionner cet effet ; en sorte que, si il manque, les boursouflemens restent isolés et n'augmentent plus, quoiqu'ils persistent plusieurs années en état de Végétation sans faire aucun progrès.

Opinions de M. Feburier.   *Rép. de M. Du Petit-Thouars.*

Pag. 85. L'auteur cite, dans l'addition de son sixième Essai, un poirier auquel on fit l'opération de la circoncision à trois branches : il ne se forma aucun scion pendant trois ans à ces trois branches, dont tous les bourgeons (boutons) se développèrent, mais seulement en rosettes. Cependant, dans cet intervalle, les parties des branches supérieures à la plaie augmentèrent de volume, au point qu'elles avoient 162 millimètres de tour, pendant que la plaie n'en avoit que 81, et la partie inférieure 108. Il n'y avoit donc ni égalité ni prolongation de fibres dans toutes les parties.

Ce fait est exposé dans la traduction d'un passage de Blair, en sorte que je ne peux répondre de l'exactitude de toutes les circonstances. L'explication seule que j'en donne m'appartient ; mais depuis j'ai acquis par moi-même de nouvelles lumières. J'ai, entr'autres, à la pépinière du Roule, un poirier sur une branche duquel j'ai pratiqué la circoncision pendant l'été de 1808, et qui depuis ce temps a toujours continué de végéter.

En 1809 il n'a rien produit, en 1810 il a donné une douzaine de poires, quoique le reste de l'arbre n'en ait jamais produit ; en 1811 il en a produit le double : cette année 1812 il n'en a qu'une seule. Mais pendant tout ce temps cette branche s'est comportée dans son développement comme tous les autres Poiriers, c'est-à-dire qu'elle a eu des Scions très-alongés et des Rosettes ; mais la partie qui est au-dessus de la plaie a grossi en diamètre, ce que n'a pas fait l'inférieure : ce qui, effectivement, démontre qu'il se trouve en haut des Fibres qui n'ont pas passé dans le bas.

Ibid. Cet exemple cité par l'auteur est d'autant plus remarquable, qu'il établit la force de succion dans les bourgeons. Dans l'ordre naturel, il n'y auroit eu qu'un petit nombre de bourgeons bien nourris, et leur force de succion réunie devoit être plus considérable, attirer une plus grande quantité de sève, et déterminer la prolongation des scions.

Dans cet exemple, au contraire, ils étoient tous bien nourris, et leur force de succion réunie devoit être plus considérable, attirer une plus grande quantité de sève, et déterminer la prolongation des scions. Le contraire arriva.

La force de succion des *Bourgeons* n'est donc pas la cause de

M. Feburier paroît croire que dans l'exemple de Blair, l'effet de la Circoncision a déterminé des Bourgeons à pousser, ce qu'ils n'auroient pas fait sans cela ; mais il n'en dit rien : seulement il assure que de tous il n'est sorti que des rameaux courts, ou ce que je nomme des Rosettes, et point de branches alongées ou des Scions ; mais d'après ma propre expérience que j'ai citée plus haut, je crois que de ce côté il n'y a pas de différence entre les branches circoncisées et celles qui sont laissées à elles-mêmes. Elle me fournit encore la preuve, que cette opération n'assure pas, comme on l'a dit, l'annuité de la production des fruits. Toute ce que dit ici M. Fel'ascension de la sève, elle détermine seulement l'attraction de la sève existant dans les parties environnantes, et autant qu'elle n'est pas contrariée par les grands courans de la sève ascendante. Sans cela, les bourgeons les plus voisins des racines aspireroient plus de sève que les autres, et tous ceux d'une branche inclinée ou arquée s'étant développés, y feroient abonder la sève ascendante au détriment des autres branches. Dans ces deux cas, les *Bourgeons* devroient pousser des scions vigoureux, et cependant ils ne développent que des rosettes.

Pag. 86. Cet exemple démontre également qu'il n'est pas nécessaire qu'il y ait des Bourgeons qui aient formé des scions pour la multiplication des fibres.

Id. Il y a plus : dans l'ordre naturel, le plus grand nombre des nouvelles fibres de la Tige et des Branches ne se forme que lorsque le prolongement des scions est presqu'arrêté.

burier sur ce que les Bourgeons les plus près des Racines étant les plus près de la source de la Sève, devroient partir de préférence à ceux qui sont plus éloignés, ce qui cependant n'arrive pas, est encore, du moins pour moi, un mystère que je ne me flatte pas de pénétrer.

Il en est de même de la cause qui fait qu'un Bourgeon donne plutôt une rosette qu'un Scion alongé. Je crois seulement avoir mieux caractérisé ces deux espèces de Branches, qu'on ne l'avoit fait jusqu'à présent.

Je suis loin d'avoir dit qu'il n'y eût que les Scions qui produisissent de nouvelles fibres ; voilà ma véritable opinion : dès qu'il se forme un nouveau Bourgeon, il détermine de nouvelles Fibres ligneuses. Or, comme les branches rosettes en produisent au moins un terminal, je pense donc aussi que celui-ci doit déterminer de nouvelles Fibres, et que par conséquent il doit par là concourir à l'augmentation en diamètre.

La nature m'a indiqué le contraire ; car le Bourgeon se développant successivement de la base au sommet, dès que les feuilles inférieures sont développées, leur Bourgeon tend tout desuite à établir sa communication radicale.

En voici la preuve suivant moi : si l'on décortique un Scion qui ne soit encore développé qu'à moitié, on verra que le parenchyme intérieur sera déjà revêtu de nouvelles fibres, ce que l'on reconnoîtra à leur couleur blanche, à ce que cette partie pliera sans se casser, que les faisceaux de fibres sortiront de l'intérieur du Scion, au lieu qu'à la partie supérieure le Parenchyme vert sera à nu, se cassera net et facilement, et que l'on verra distinctement les faisceaux de fibres se détachant de la superficie pour entrer dans les feuilles et composer leurs nervures. C'est ce que l'on pourra sur-tout remarquer dans le *Robinia faux-acacia,* depuis le moment de sa pousse jusqu'aux premiers froids.

Id. C'est ce qui oblige les pépiniéristes à relâcher une ou deux fois les liens des écussons à œil dormant, parce que, le diamètre de la Tige et des Branches augmentant,

Un Écusson est un Bourgeon arraché de dessus son arbre natal ; par là il perd sa communication radicale, et tout de suite il tend à la réparer. C'est en reformant de

Opinions de M. Feburier.   *Rép. de M. Du Petit-Thouars.*

c'est-à-dire de nouvelles fibres se formant dans ces parties, les liens serreroient trop, feroient un étranglement dans cette partie, et détruiroient les écussons.

nouvelles fibres. De plus, la nature tend à réparer la plaie qui a été faite pour l'insertion de l'écusson, ce qui détermine la formation d'un bourrelet. Voilà donc des causes d'augmentation en diamètre.

Pag. 86. Les excroissances des fibres ligneuses ou cônes qui poussent sur les racines des Cyprès de la Louisiane, me paroissent une objection insoluble contre le système de l'auteur. Les fibres sont en nombre double dans cette partie des Racines; et rendues à l'humidité qui déterminoit leur descente, suivant M. Du Petit-Thouars, ils remontent de nouveau pour former ces cônes.

Je ne peux tenter de déterminer la cause de cette singularité, n'ayant pas vu ces Cônes en place ; mais l'examen de quelques-uns d'eux détachés, m'a prouvé, par leur contexture, qu'ils n'étoient nullement contraires à mes principes. Si l'on suit les stries que forment les Fibres, on verra que chacune d'elles, après avoir monté au sommet du Cône, redescend jusqu'à sa base, de l'autre côté : quelques-unes, vers le bas ne montent qu'à une petite élévation et redescendent tout de suite ; de-là les inégalités arrondies dont se trouve parsemée leur surface. Quelquefois ces excroissances prennent des formes bizarres, très-différentes de la conique ; ce sont donc des bosses semblables aux accidentelles, dont j'ai donné une explication (X^e. Essai, addit., pag. 185). Un premier obstacle s'est-il présenté lors de la formation des Racines sur le passage de quelques fibres ? Au lieu de se détourner à droite ou à gauche, elles ont passé par dessus, ce qui a composé une petite fosse ; chaque année de nouvelles survenant auront augmenté l'élévation du Cône. On peut présumer qu'une cause particulière détermine ces fibres à marcher le plus possible dans la ligne droite. C'est ainsi qu'on voit les colonnes d'insectes, comme les Chenilles processionnaires et les Fourmis, se diriger toujours sur la ligne droite, et par là parcourir souvent un chemin long et pénible qu'un petit détour leur eût épargné.

Un Végétal beaucoup plus commun , car c'est la *Carotte*, présente quelque chose qui approche de ce phénomène et qui peut en donner une idée. Voici en quoi cela consiste : si on examine l'intérieur d'une des Racines de cette plante, en enlevant son écorce charnue, ce qui est très-facile à faire, sur-tout quand elle a bouilli, on met le corps ligneux à nu , on voit de distance en distance des Racines secondaires qui s'en détachent. On peut reconnoître facilement qu'elles sont composées de fibres détachées de la masse générale et qu'elles traversent en dehors.

Mais on verra quelques autres appendices qui paroissent être également des Racines. Cependant elles ne traversent point l'Écorce, et s'y trouvent seulement logées. Si on les examine, on trouvera qu'elles sont composées d'un certain nombre de Fibres qui, après s'être détachées perpendiculairement, se rabattent brusquement en formant un pli qui termine leur alongement, et que , rentrées dans le corps de la Racine principale, elles continuent leur marche avec toutes les autres.

On pourroit croire que ce sont des Racines particulières qui, ayant voulu sortir pour remplir leur fonction, ont trouvé trop d'obstacles, et qu'alors elles sont revenues sur leurs pas.

Quant à l'explication que meprête M. Feburier, je ne la reconnois
nullement.

Opinions de M. Feburier.	*Rép. de M. Du Petit-Thouars.*

*Pag.*86.Si,comme je l'ai dit plus haut, on récépe une tige rabougrie de 5 à 6 centimètres de diamètre, à 20 ou 30 centimètres de terre, il en sort un scion: ce scion, dans deux ou trois ans, acquiert le diamètre de l'ancienne tige. Les fibres dont il est composé n'ont donc pas toutes péuétré dans les Racines, autrement la partie conservée de la Tige réuniroit aux fibres du scion celles dont elle étoit composée, et elle seroit toujours plus grosse.

Ce fait, que je connois depuis long-temps, est de même nature que celui où l'on remarque que la somme de solidité des branches est plus considérable que celle du tronc qui les réunit toutes, et vient probablement de la même cause. Avant d'en tenter une explication probable, je dirai que j'ai toujours vu que la tige acquérait une augmentation en diamètre; mais le fait est, qu'elle est souvent très-loin d'égaler celle de la nouvelle branche.

Ainsi l'objection est seulement diminuée et non détruite. J'ai principalement observé cet effet sur de grandes quantités d'*Ormes* plantés sur des grands chemins ou des entourages très-considérables. On plante de longs bâtons de six pieds et plus d'élévation; du sommet il en sort des Scions quelquefois très-vigoureux; il sont garnis de Feuilles, et par conséquent de Bourgeons; ceux-ci tendent à former des Fibres ligneuses: leur destination est d'établir la communication radicale; mais parvenus sur le corps de l'ancienne tige, ils trouvent là un grand nombre de Fibres qui, par l'Etronçonnement, ont perdu leur extrémité foliacée, et qui, par conséquent, n'ont plus de but déterminé: par la communication latérale qui s'établit, comme le prouve la Circoncision et la Transcision, les fibres nouvelles trouvent donc tout de suite ce qu'elles alloient chercher dans le sein de la terre; mais celles qui sont les plus extérieures continuent jusqu'à la terre et y déterminent de nouvelles Racines: sans cela l'arbre ne tarderoit pas à périr, et effectivement il en est beaucoup qui périssent, je crois, par cette cause.

Je profiterai de cette occasion pour dire que c'est une très-mauvaise pratique de planter des arbres si élevés. Je crois que si on les recépoit à quelques pouces du sol, en peu d'années ils rattraperoient ceux qu'on auroit laissés plus élevés, et on auroit l'avantage inestimable d'avoir des troncs bien plus droits et sur-tout bien plus sains; mais on veut que dès la première année une allée fasse quelqu'effet; et c'est par des jalons qu'on pense bien la marquer.

Pag. 87. Lorsqu'on greffe un sujet, tantôt la greffe égale en quelques années le volume de la tige du sujet, tantôt elle pousse à peine et la tige seule grossit, tantôt elle dépasse le volume du sujet; il n'y a donc pas eu de prolongation de fibres de l'extrémité supérieure de la greffe à celle inférieure du sujet dans aucune de ces hypothèses, puisque le rapport de densité entre

Je crois avoir répondu d'une manière péremptoire aux objections tirées de la greffe, qu'on m'a faites depuis long-temps (*IV*^e.*Ess.* art. 2 et suiv.)

La greffe est quelquefois d'un diamètre plus petit que le sujet, parce que l'assemblage des fibres forme, dans l'un, des faisceaux d'un plus petit diamètre que dans l'autre: tel est le *Pavia* greffé sur l'Hipo-

Opinions de M. Feburier.   *Rép. de M. Du Petit-Thouars.*

le sujet et la greffe ne permet pas d'attribuer à cette cause la différence de leur volume.

de ce côté une grande différence. Cependant la feuille du *Pavia* ressemble parfaitement à celle du Marronier d'Inde, et elles paroissent avoir l'une et l'autre la même quantité de fibres ou de nervures ; ce n'est que par leurs dimensions qu'elles diffèrent.

On a dit que dans les forêts d'Amérique on trouvoit des *Pavias* aussi gros que les plus grands Marroniers ; mais c'est par la même raison que nous voyons des Chênes aussi gros que ceux-ci, quoique leurs pousses soient d'un diamètre plus mince : c'est qu'ils ont vécu un bien plus grand nombre d'années.

D'autres fois c'est la Greffe qui est plus grosse que le Sujet : cela peut provenir de la même cause que nous venons d'exposer ; mais plus souvent c'est une raison semblable à celle de l'article précédent. Le Scion produit artificiellement par la Greffe trouve dans le tronc de l'Arbre sur lequel il est placé, une surabondance de fibres devenues inutiles, qu'il tourne à son profit ; ce qui le dispense d'en former de nouvelles.

Pag. 88. L'auteur s'appuie de la Végétation des Monocotylédones dont le Stype ou Caudex n'est, selon lui, qu'un faisceau de fibres longitudinales qui ont paru successivement dans les feuilles et les organes de la fructification, et qui se sont prolongées jusque dans les Racines ; mais l'auteur reconnoît que la plupart de ces Tiges n'augmentent pas en diamètre. Cependant il est constant que si les fibres des feuilles se prolongeoient jusque dans les racines, les tiges grossiroient toujours jusqu'au moment où les plantes cesseroient de produire des feuilles, et ils représenteroient des cônes alongés. En effet, si on suppose que la première Rosette qui a paru, a fixé le diamètre de la plante à 54 millimètres, il est certain que lorsque les feuilles de cette rosette seront développées, et qu'il se sera formé une autre rosette dont les feuilles, égales en nombre à celles de la première, se seront aussi développées, il y aura une augmentation de fibres égales à la masse de celles qui ont formé le premier diamètre ; et si les fibres de ces feuilles se prolongent jusqu'aux Racines, la masse de la tige doit être doublée à sa partie

castane, ou Marronier d'Inde. On peut comparer la grosseur des scions et des Bourgeons des deux espèces, on verra qu'ils présentent

J'avouerai de bonne foi que voilà l'objection la plus forte qu'on ait présentée contre ma théorie végétale, depuis six ans que j'ai commencé à la faire connoître ; mais on doit penser qu'elle m'étoit connue depuis ce moment ; ce que prouve l'intitulé de mon premier Essai. Le voici : *Sur l'accroissement en diamètre du Tronc des* Dracœnas *quoique Monocotylédones ;* en sorte que, comme je le dis dans ce mémoire, frappé par l'aspect des Palmiers, je m'étois hâté de mettre au rang des caractères principaux des Arbres monocotylédones, de ne pouvoir se ramifier ni augmenter en diamètre ; mais bientôt de nombreux exemples me prouvèrent que je m'étois trompé : et j'appris qu'ordinairement dans ces Arbres il n'y avoit qu'un seul Bourgeon qui se développoit indéfiniment, et qu'alors ils ne croissoient point en diamètre ; mais qu'à l'aisselle de chacune des feuilles il existoit un Point vital qui étoit susceptible de se développer dans certaines circonstances ; qu'alors ces Arbres se ramifioient et augmentoient en diamètre d'une manière considérable ; mais il n'en étoit pas moins vrai, que lorsqu'il y avoit

inférieure, ensuite triplée, à mesure que les feuilles se développeront, et le diamètre doit prendre un accroissement proportionnel. Il en résulte évidemment que si le diamètre reste toujours le même, c'est qu'il ne descend pas de fibres des feuilles pour se rendre dans les racines, autrement il seroit impossible que le diamètre de la tige n'augmentât pas. On voit que la végétation des Monocotylédones, bien loin d'appuyer l'opinion de l'auteur, tend à la détruire. Ces plantes grossissent en général jusqu'à ce que la partie extérieure de la tige soit assez ferme pour résister à la force de dilatation : alors elles continuent à croître sans augmenter leur diamètre.

unité de Bourgeon et par conséquent de Tige, l'effet dont parle M. Feburier devoit avoir lieu, c'est-à-dire qu'il paroissoit impossible que les Fibres des feuilles qui se développoient successivement pussent communiquer directement avec la terre ou les Racines. On peut donc croire que cette difficulté s'étoit présentée d'abord à mon esprit ; mais ne pouvant encore la résoudre à ma satisfaction, je l'avois laissée de côté, d'autant mieux que me trouvant entraîné dans le second Essai que j'ai publié dans l'examen des Plantes dicotylédones, j'attendois le moment où je serois ramené à parler des Arbres monocotylédones et à publier les observations que j'ai été à même de recueillir pendant dix ans que je me suis trouvé à portée de voir ces superbes végétaux ; car alors j'aurois été conduit nécessairement à développer tous les phénomènes que présente leur Végétation ; mais en attendant, voici les bases sur lesquelles je compte appuyer l'explication de cette singularité : d'abord par la Circoncision ou l'enlèvement d'un anneau complet d'Ecorce, et par la Transcision ou par plusieurs coups de scie horizontaux, exécutés de manière à couper plusieurs fois toutes les Fibres qui composent le corps ligneux, on a appris que les Fibres pouvoient se communiquer de l'une à l'autre les Sucs qu'elles apportoient ; maintenant il paroît probable que ce qui s'est passé accidentellement dans les Dicotylédones, est habituel dans les Monocotylédones.

En second lieu, j'ai fait voir que dans les Arbres dicotylédones les fibres ligneuses, destinées, la première année de leur formation, à apporter à leur extrémité aerienne, ou à la Feuille dont elles dépendent, la Sève ou l'aliment qui lui est nécessaire pour son développement, n'en étoient pas moins susceptibles d'en apporter les années suivantes, quoique privées de cette extrémité.

D'après cela ne pourroit-on pas supposer que les Fibres qui composent le Stype des Palmiers eurent continué d'apporter la substance nécessaire au développement des nouvelles Feuilles qui les remplacent.

Enfin, troisièmement, un des derniers termes où m'a conduit mon Système, a été d'annoncer que je pensois que l'Individu végétal ne résidoit que dans la Fibre intégrante ou primordiale ; qu'il me paroissoit qu'elle avoit la faculté de croître et de se reproduire indépendamment des autres ; mais qu'elle étoit soumise à des lois d'association qui donnoient naissance à des faisceaux : ceux-ci, combinés entr'eux, formoient les Feuilles ; enfin, que dans les Dicotylédones c'étoit ces associations foliacées qui ordinairement se reproduisoient en masse, en donnant naissance à un Bourgeon extérieur, en sorte qu'il étoit le résultat d'un grand nombre d'Individus. A présent, il me paroît probable que dans les Monocoty-lédones chaque Fibre a la faculté de se reproduire intérieurement et in-dividuellement en donnant naissance à de nouvelles fibres ; que celles-ci se réunissent extérieurement pour former les Feuilles, en sorte que tant que rien ne traverse le cours de la nature, il n'y a qu'un seul Bourgeon qui se développe ; mais quelqu'accident vient-il à le suppri-mer, l'association foliacée en reproduit un nouveau et extérieur, comme dans les Dicotylédones.

Tels sont les principaux points qui me paraissent propres à expliquer pourquoi les types des Arbres monocotylédones ne croissent pas en dia-mètre, lorsqu'ils sont simples ; mais on sent qu'ils ont besoin d'être liés entr'eux par des développemens, ce qui ne peut avoir lieu ici.

Ce sera sur-tout en présentant l'Anatomie du *Chou* ou Bourgeon pri-mordial du Palmiste, que je pourrai le faire ; j'expliquerai en même temps le fait très-important que j'ai déjà annoncé, que dans ces Arbres on voyoit, à la vue simple, la Fleur, huit ans avant qu'elle ne fût épanouie.

Pag. 90. Suivant M. Du Petit-Thouars, la fibre ne descend que pour établir sa communication avec l'humidité de la terre ; dès qu'elle y est parvenue, elle tend à s'isoler et à se séparer des autres : il en fournit pour preuve les marcottes enracinées.

Mais cette preuve n'est pas con-cluante, parce que beaucoup de branches restent couchées dans la terre, un, deux et trois ans, sans former de Racines, quoique, pour détruire le seul obstacle qui em-pêche les fibres de se diviser, on ait enlevé un anneau d'écorce. Les nou-velles fibres qui se forment de-vroient se séparer au point où on a enlevé l'écorce, pour se plonger dans la terre et y établir leur com-munication avec l'humidité : et ce-pendant il s'écoule, pour quelques espèces, jusqu'à quatre ou cinq ans, sans que cet effet ait lieu, quoique la branche marcottée ait alongé et grossi. Donc la cause de la reprise des marcottes donnée par l'auteur n'est pas la véritable.

Id. J'ajouterai que si chaque fibre ne descendoit que pour éta-blir sa communication avec l'hu-

Voilà donc encore les Marcottes qui reviennent en scène. Je les re-garde comme une des preuves les plus évidentes de mon système. M. Feburier n'est pas de cet avis, et cela parce que, parmi un grand nombre de Marcottes, il en est quelques-unes plus rebelles qui poussent plusieurs années sans re-produire de Racines, quoiqu'on leur ait enlevé un anneau d'écorce. Mais qu'est-ce que cela prouve ? que la nature n'a pas donné à tous les Végétaux la même tendance à se prêter aux circonstances. Il me suffiroit que sur cent Marcottes il y en eût une seule qui reformât des Racines, pour me démontrer, par la continuité des fibres qui la compo-sent avec celles de la Branche et des Bourgeons qu'elle a produits, que dans le cours ordinaire de la na-ture le but de ces fibres est de met-tre l'extrémité foliacée ou aerienne avec la radicale ou la terrestre ; mais comme M. Feburier revient encore à la fin sur les Marcottes, je profiterai de cette occasion pour exposer avec quelque détail mon opinion sur cette opération.

C'est aussi ce qui arrive, à moins que quelque cause particulière ne vienne à la traverse ; mais, comme

midité, elle suivroit le chemin le plus court, c'est-à-dire la ligne droite, dont elle s'écarte, cependant, plus ou moins, dans quelques espèces de bois et dans toutes les écorces où elle forme des réseaux.

je l'ai dit (*Essai X*, pag. 185), on peut comparer la marche des fibres à un courant d'eau. Survient-il quelqu'obstacle, il y a dérivation et souvent des remoux. Cependant, suivant M. Feburier les réseaux de toutes les écorces sont la preuve

que les fibres se détournent de la ligne droite. On a beaucoup parlé des Réseaux et du *Tissu réticulaire* dans le corps des plantes ; on a été conduit à cela par l'analogie qu'on a cru trouver entre les Anatomies animale et végétale : mais au fond, dans les Végétaux il n'y a aucune partie qui ait primitivement la forme réticulaire, ce n'est pour ainsi dire qu'accidentellement qu'elle a lieu. Ainsi dans le corps ligneux il n'y a jamais de disposition réticulaire, il n'y en a pas davantage dans l'Écorce l'année de sa formation ; car les deux sont formées de Fibres longitudinales parall'les, qui se touchant seulement dans quelques points plus ou moins distans, laissent des fentes : c'est là que se dépose le Parenchyme qui sert à former les Rayons médullaires. Dans le bois, ces fentes n'éprouvent aucun changement. Il n'en est pas de même dans l'Écorce, car les deux nouvelles couches de Bois et de Liber qui se forment, venant à chasser en dehors l'ancienne Écorce, celle-ci ne peut se prêter à cet accroissement que par l'élargissement des fentes ; par là elles se trouvent distendues de droite et de gauche, en formant des trapèzes et enfin des quadrilatères plus ou moins ouverts ; mais cette disposition n'a encore lieu que dans un certain nombre d'espèces : le Tilleul est le plus remarquable.

Mais il en est d'autres où cet effet n'a jamais lieu, les fentes restant toujours dans les mêmes dimensions : tels sont le Marronier d'inde, les Pêchers, Cerisiers, Pruniers, Ormes, etc. ; alors comment le Liber se prête-t-il à la dilatation ? c'est un problème très-curieux dont je ne connois pas encore la solution complète.

Pag. 90. Les fibres ligneuses ne sont en quelque sorte que des lignes mathématiques dont l'épaisseur est à peine sensible avec les meilleurs microscopes. Leur réunion forme le tube où circule la sève. Mais l'auteur n'ignore pas que ces tubes, vaisseaux ou canaux ligneux, sont percés d'une infinité de trous plus ou moins grands qu'on a nommés pores, et que les tubes nommés fausses trachées, ont de grandes ouvertures, non en fentes longitudinales, mais latérales, qui représentent des portions d'anneaux enlevées sur le tiers de la circonférence. Ces pores, ces coupes transversales tiennent la place d'une multitude innombrable de parties de fibres, et doivent in-

« Le dernier terme où nous serons forcé de nous arrêter, nous » fera donc voir un fil d'une lon- » gueur assignable, mais d'une » ténuité infinie ; il se rapprochera » donc, autant qu'un être phy- » sique peut le faire, de la ligne, » telle que les géomètres la suppo- » sent, c'est-à-dire sans épaisseur » ni largeur. (*Ess.* IX, art. 12.) » C'est ainsi que j'ai cru devoir caractériser la fibre ligneuse intégrante. Ainsi elle échappe à la vue ; mais il n'en est pas de même de ses aggrégations, ils peuvent se suivre facilement à la vue simple, et on aperçoit facilement leur continuité. La manière dont le bois se fend de droit fil est encore une preuve manifeste de cette conti-

Opinions de M. Feburier.   *Rép. de M. Du Petit-Thouars.*

terrompre leur communication directe d'une extrémité du végétal à
l'autre, communication qui ne peut,
dans ce cas, avoir lieu que par la
faculté qu'ont toutes ces fibres à
s'anastomoser.

nuité. Il est encore plus aisé d'a-
percevoir la continuité des Fibres
de l'écorce, les fils et les cordes
qu'on en tire artificiellement en
sont la preuve. Je ne doute pas
que toutes ces parties, malgré leur
ténuité, ne se soient criblées de
Pores ; mais ce n'est que par le raisonnement qu'on peut s'en assurer ;
car, comme les Fibres elles-mêmes, ils échappent à nos sens.

Quant aux Tubes qu'on a nommés *Fausses-trachées*, j'avoue que je
ne les connois pas ; j'ai vu seulement que l'intérieur de ces Tubes formés
par l'agrégation des Fibres ligneuses, étoit occupé par du Parenchyme ;
celui-ci, par sa grande dilatation, formoit des Cellules très-dilatées qui
prenoient des formes différentes dans le même morceau de bois. Ainsi je
les ai vus, tantôt formant des cylindres séparés par des étranglemens,
tantôt ayant l'aspect d'une écume figée ; quelquefois quand les portions
étoient très-alongées, j'y ai vu des fentes telles que celles qu'on nous représente dans les *Fausses-trachées ;* mais je pense que c'est l'effet de
circonstances particulières, et qui ne tiennent pas à la Vitalité de la
Plante. Il en est de même des Pores qu'on a représentés sur les parois des
Cellules de la Moelle. J'ai déjà passé au microscope celles d'un grand
nombre d'espèces, sans pouvoir les découvrir.

Pag. 91. Dans l'opinion, ou les
opinions de l'auteur, il est certain
qu'une fibre ligneuse ne peut se former que contre une autre fibre
ligneuse, soit qu'elle parte des
deux extrémités de l'arbre, soit
seulement de l'extrémité supérieure, soit qu'une fibre se soit
fendue dans toute sa longueur
pour en produire une autre. Mais
on a vu plus haut que si l'on détachoit une lanière d'écorce de
trois côtés, en la tenant attachée à
l'arbre de droite à gauche ou de
gauche à droite, et conséquemment
sur les côtés, il s'y formoit une
couche d'aubier. Or. cette couche
d'aubier est isolée de celle principale, et on ne peut pas supposer
que les fibres ligneuses qui la composent soient le prolongement de
celles du haut et du bas.

Ce n'est pas sans dessein que
M. Feburier a mis *la* ou *les*, car il
paroît qu'il a voulu annoncer par
là que je variois dans mon opinion.
Effectivement, si c'étoit ma manière d'expliquer la formation d'une
Fibre que j'eusse exposée en disant
que c'étoit en se dédoublant comme
un Polype, elle seroit bien différente de celle que j'ai développée
dans mes autres Essais ; mais cette
opinion est à-peu-près celle d'un
homme de mérite qui peut-être s'est
quelquefois laissé trop entraîner par
son imagination poétique, mais qui
cependant a rendu de grands services à la Physiologie végétale, en
réunissant tout ce qu'on avoit fait
avant lui, et y ajoutant beaucoup
de vues nouvelles, dont quelques-
unes paroissent très-bien fondées ;
mais parmi il en est d'autres qui le
sont beaucoup moins. C'est Darwin,
dans sa Phytonomie.

Ib. D'ailleurs, si après avoir laissé
former une couche d'aubier sous
la lanière d'écorce, on la remet à
sa place en enlevant une partie des

Quant à ma véritable opinion, je
ne crois pas que personne ait encore mis dans un plus grand jour
la formation des Fibres indépen-

Opinions de M. Feburier. | *Rép. de M. Du Petit-Thouars.*

bourrelets pour la faire rentrer dans la plaie et la faire reprendre facilement, elle se résoud, et le travail d'écorce et d'aubier, commencé contre l'ancien aubier, est interrompu, il ne se forme plus de fibres que contre l'écorce de la lanière. Cette explication de la production des fibres n'est donc pas conforme à l'ordre de la nature.

dantes des anciennes ; je l'ai prouvé de la manière la plus évidente dans une expérience que j'ai annoncée dans un mémoire lu à la première Classe de l'Institut, et dont l'extrait a été inséré dans le *Bulletin de la Société Philomatique.* (n°. 48.)

Voici en quoi elle consiste : j'ai découpé, vers le 15 avril, l'écorce d'un tilleul en lanières étroites, sur une longueur de deux pieds, en sorte qu'elles tenoient par leurs deux extrémités. Comme déjà la couche de cambium étoit formée, j'ai détaché facilement dans toutes leurs longueurs, ces lanières et par de petits morceaux de bois insérés vers le milieu je les ai tenues séparées. Le bois s'est desséché, quoiqu'il fût à l'abri, et n'a rien produit ; mais la surface intérieure du liber s'est boursouflée et a fini par reproduire dans toute sa longueur une nouvelle écorce et du nouveau bois. Les fibres qui composoient celui-ci étoient continues en haut et en bas avec la nouvelle couche d'aubier formant l'augmentation annuelle ; en sorte qu'il paroissoit évident que les fibres, pour établir leur communication, étoient entrées dans l'écorce en haut, et qu'elles étoient ensuite sorties en bas pour reprendre leur cours naturel.

Quant aux expériences de M. Feburier, elles me paroissent à-peu-près les mêmes que celles décrites et figurées par Duhamel (*Phys. des Arbres*, 2°. vol. liv. IV, chap. III, pl. III, IV et V.)

Enfin, si on coupe les feuilles d'un arbre et qu'on ne lui laisse que les boutons, il ne se formera pas de nouvelles fibres, quoiqu'il n'y ait que les boutons terminaux qui repoussent, et l'arbre n'augmentera pas en diamètre.

C'est-à-dire, dans le premier instant du développement des bourgeons (boutons de M. Feburier) déterminés à contre-saison par l'enlèvement des feuilles, il n'y aura pas d'augmentation sensible, pas plus qu'il n'y en a à la pousse du printemps ; mais dès que les nouvelles feuilles seront développées, il y aura reproduction de nouveaux Bourgeons, et ceux-ci détermineront infailliblement la formation de nouvelles fibres.

Mais si on lui coupe ses boutons en lui conservant ses feuilles, l'arbre continue à grossir.

Oui, si, comme tout me porte à le croire, la nature voulant réparer ses pertes, détermine la formation de nouveaux Bourgeons,

soit supplémentaires, soit adventifs ; mais je pense que le même effet aura lieu si on enlève et Feuilles et Bourgeons.

Si l'on s'entendoit bien sur la signification des termes, peut-être seroit-on plus près de s'entendre sur le fond de la question. A quoi tend tout mon système ? A prouver que les Feuilles sont l'agent de la Végétation, et que ce sont elles qui déterminent l'ascension de la Sève.

Considérons que le Bourgeon n'est autre chose que la réunion des feuilles réduites à l'état d'embryon, et qui attendent le moment favorable pour se développer ou pour éclore ; les écailles qui accompagnent et

Opinions de **M. Feburier.**   *Rép. de M. Du Petit-Thouars.*

enveloppent les embryons dans le plus grand nombre des arbres de notre climat ne sont qu'un accessoire. Ainsi l'Aune, la Viorne et la Bourdaine, ont des Bourgeons quoiqu'ils n'aient aucune trace d'écaille. La feuille ne fait donc autre chose que de se développer dès qu'elle sent l'influence du printemps, c'est-à-dire qu'elle devient plus d'un millier de fois plus considérable qu'elle n'étoit : en communication directe avec l'extrémité des racines par des fibres continues, elle puise la matière de son augmentation ; à peine a-t-elle commencé son évolution, qu'un nouveau Bourgeon paroît dans son aisselle ; et comme l'a fort bien remarqué Schabol, il dépend d'elle, et c'est elle qui est sa nourrice ; mais au bout de six semaines ce Bourgeon se trouve évidemment porté par un faisceau de fibres qui descend jusqu'à l'extrémité des racines, il est par conséquent en communication directe avec elles. Mais qu'est-ce que c'est que ce Bourgeon ? pas autre chose que la réunion des embryons des nouvelles feuilles destinées à se développer le printemps suivant, ainsi que l'a fait la Feuille dont il dépend. Considérons maintenant que tout le corps de l'arbre n'est composé que des fibres qui ont appartenu aux Feuilles précédentes ; et si, comme je l'ai annoncé, ce sont ces fibres qui apportent le Cambium, étant excitées par le parenchyme vert extérieur, il est évident que c'est une émanation des Feuilles qu'elle produit. Ainsi, suivant moi, toute la Végétation ne s'opère que par les feuilles, et elles y contribuent considérées sous leurs trois états, par rapport au temps : *passées*, dans les fibres des feuilles tombées formant le corps de l'arbre et produisant le Cambium ; *présentes*, dans celles qui sont développées ; et *futures*, dans celles qui sont renfermées dans le Bourgeon.

Ainsi ce sont les feuilles, et non les boutons, qui contribuent à la formation des nouvelles fibres, en contribuant à celle du cambium.

Ainsi ce sont les Feuilles actuellement développées qui déterminent la formation du Bourgeon (bouton) ; ce sont les Feuilles futures qui composent celui-ci, qui déterminent la formation des nouvelles fibres, et ce sont les fibres des Feuilles précédentes qui déterminent la formation du Cambium qui doit former les nouvelles fibres.

Trois générations de Feuilles contribuent donc à leur formation.

Pag. 92. J'ai prouvé qu'il y avoit deux sèves, l'une ascendante provenant des racines, et l'autre descendante formée par les feuilles. C'est par les mouvemens opposés qe ces deux sèves que j'ai expliqué et que je continuerai d'expliquer les principaux phénomènes de la végétation de l'arbre que j'ai pris pour exemple.

J'avoue que je ne trouve rien de moins prouvé que cela : tout me prouve au contraire qu'il n'y a qu'un seul courant de Sève puisé par les Racines et aspiré par les Feuilles ; que, parvenu là, il reçoit l'influence de l'air et s'y combine certainement avec quelques-uns de ses principes ; qu'ensuite, lorsque les racines se prolongent, c'est par la substance qui arrive du corps de l'arbre, qui descend par conséquent ; mais **tout** me prouve que leur partie pondérable avait été fournie précédemment par les anciennes Racines.

Pag. 94. Cependant on ne peut douter que leurs pousses (celles des arbres verts) ne fussent plus rapides, s'ils perdoient leurs feuilles, quand on voit la différence de végétation du *Larix Cédrus* (Cèdre du Liban) qui conserve les siennes, et du *Larix communis* (le Mélèze), qui perd les siennes.

Je ne suivrai pas M. Feburier dans ce qu'il dit au sujet des arbres toujours verts, je me contenterai de remarquer que, si dans les premières années le Mélèze croît plus vîte que le Cèdre, cela tient à des circonstances particulières qui retiennent celui-ci ; mais dès qu'il s'est acclimaté, sa pousse est aussi rapide que celle des autres espèces de Conifères.

Pag 96. Revenons à notre poirier. Le bourgeon terminal qui a toujours poussé verticalement pendant plusieurs années, a beaucoup alongé la tige.

M. Feburier a commencé à parler de ce Poirier à la pag. 4 ; mais il l'a abandonné pour de longues digressions, et ensuite l'a repris plusieurs fois et le reprendra encore. Il a cru vraisemblablement que j'en avois agi ainsi en développant mon système, c'est pour cela que, pour en donner une idée, il a pris une phrase à une page, a sauté des centaines d'autres pour chercher un autre passage.

L'auteur paroît penser que la pousse verticale du Poirier et des autres arbres provient d'un seul Bourgeon dont il ne se développe qu'une portion chaque année : le fait est que dans presque tous nos arbres le Bourgeon terminal développe un certain nombre de feuilles, et qu'ensuite le sommet qui en contenoit encore un grand nombre d'autres, éprouve une Décurtation particulière qui n'est pas l'effet du froid, puisqu'elle a lieu tout au plus six semaines après la première pousse ; en sorte que le sommet de la tige est continué par un Bourgeon, qui dans son origine, étoit latéral.

Les bourgeons latéraux ont également formé des branches. Il est à remarquer que les vaisseaux ligneux se croisent en pénétrant dans les boutons des branches, et que la sève doit y être moins libre dans son cours.

Les vaisseaux ligneux ou les fibres ne se croisent nullement pour former les branches ; si l'on dépouille l'écorce, on verra que la tige ou branche principale est un fleuve qui reçoit sur son passage des rivières et des ruisseaux, et que la Sève y trouve des chemins aussi directs que dans les pousses terminales.

Pag. 99. Comme le ralentissement de la sève ascendante est plus sensible sur les branches que sur la tige principale, en raison de l'angle plus ou moins grand qu'elles forment avec la ligne verticale, ce sont aussi les branches les plus inclinées qui se mettent à fruit.

Je ne suivrai pas M. Feburier dans la manière dont il explique la formation des Fleurs et des Fruits, parce que je n'ai pas encore développé ma façon de penser à cet égard, et j'avouerai que je suis encore loin de me croire en état d'expliquer ce qui détermine le

Opinions de M. Feburier.   *Rép. de M. Du Petit-Thouars.*

Les premières branches formées jouissent rarement de l'avantage de fournir du fruit, sur-tout si l'angle qu'elles font avec la tige est très-ouvert. Comme la sève ascendante tend à se porter plus particulièrement aux extrémités verticales, ces branches n'en reçoivent qu'une foible partie.

principe reproductif à se manifester tantôt en Bourgeon ou embryon fixe, tantôt en Graine ou embryon mobile ; je me contenterai de jeter quelques remarques suivant les circonstances. Ici, par exemple, je dirai qu'il me semble que les deux paragraphes cités ne me paraissent pas d'accord entr'eux.

Pag. 103. Le développement des fleurs n'arrête pas le prolongement des branches. Les boutons poussent, quoiqu'avec moins de force, parce qu'il faut que la sève ascendante contribue à nourrir les fruits. Les scions n'acquièrent donc pas tous une aussi grande longueur que si l'arbre n'avoit pas été chargé de fruits.

Au contraire, il paroît qu'il y a une force expansive dans l'arbre fructifiant, qui se communique à tout son ensemble. Ainsi on voit très-souvent, à la base des bouquets de fleurs de Poirier, se développer tout de suite un Bourgeon, et quelquefois plusieurs qui, dans le cours ordinaire, n'auroient paru que le printemps suivant, et former des Scions très-alongés. La routine prescrit aux jardiniers de les couper, ou, qui pis est, de les casser ; et moi je recommande de les laisser sur tous les arbres que je dirige, les regardant comme une nouvelle source de fécondité.

En effet, les fruits consomment à surface égale le double des feuilles, et le développement des boutons à fleur charge l'arbre d'une plus grande quantité de feuilles qu'il n'en auroit eues sans ces nouvelles productions.

Je sais que c'est l'opinion la plus généralement reçue ; malgré cela j'en doute beaucoup. Mais ce ne pourrait-être que par une longue discussion que je pourrois produire les raisons qui m'ont conduit à m'en écarter.

Je pense que M. Feburier parle de la différence que l'on remarque dans les branches du Poirier, que les bourgeons inférieurs ne donnent que des branches courtes dont les feuilles sont tellement rapprochées, qu'elles ne forment qu'une Rosette, tandis que les autres s'élancent et forment des Scions alongés ; il se trouve dans les uns comme dans les autres, à-peu-près la même quantité de Feuilles ; toute la différence consiste dans leur écartement.

Ces branches (les rosettes) sont grosses à proportion de leur longueur, elles rompent au lieu de plier comme les branches à bois, parce que leurs vaisseaux ligneux s'étant peu alongés, se rappro-

Elles sont effectivement plus renflées à raison de la surabondance du parenchyme. Je ne vois pas que la raison apportée de leur fragilité soit fondée, je crois qu'elle tient au rapprochement

chent davantage de ceux des couches corticales.

Ces branches, dans les poiriers
cúltivés, se terminent assez souvent
par une partie renflée, uniquement
composée de tissu cellulaire.

des fibres entrant dans les feuilles,
qui sont cause que le corps ligneux
est beaucoup moins lié. Quant à
la partie renflée qui termine les
branches, ce n'est autre chose que
le pédoncule des bouquets de fleurs:
la surabondance de sucs qui a été
déterminée par les Fruits a reflué
sur les parties voisines ; mais en dépouillant l'écorce, on voit facilement que ce sont des branches absolument semblables aux autres ;
seulement le parenchyme médullaire et cortical est plus abondant
et plus gorgé de sucs. Cet effet a
également lieu sur le poirier et le
pommier sauvages ; mais il est plus
marqué dans quelques autres
espèces.

Pag. 109. J'observerai que dans
plusieurs espèces d'arbres les deux
sèves sont trop abondantes pour
mettre un intervalle de deux ans
entre la formation de ces branches
à fruit et la production du fruit.
Ainsi la pêche, dont la végétation
est plus rapide que celle du poirier, donne des fleurs sur les petites branches formées dès l'année
précédente.

Ainsi M. Feburier adopte l'opinion, qu'il faut deux ans aux Poiriers pour former leurs Fleurs, et
qu'il n'en faut qu'une au Pêcher,
mais seulement sur les petites branches Eh bien, la nature m'a dit
que toutes les branches de Pêcher,
qu'elles soient vigoureuses ou ché-
tives, ne produisent d'abord à chaque feuille qu'un seul Bourgeon ;
mais que dans les arbres bien por-
tans, peu de temps après sa forma-

tion il devient triple, parce que des deux côtés se forme un Bouton
à fleurs ; que, lorsqu'ils sont foibles, le Bourgeon reste solitaire ; mais
qu'ordinairement c'est une fleur : en sorte que ces arbres donnent tous
les ans la même quantité de fleurs. Il en est de même des autres espèces d'Arbres à noyau, il n'y a point parmi eux de distinctions entre
les branches à bois et celles à fruit ; en sorte que s'ils ne donnent pas la
même quantité de fruits chaque année, cela dépend de la température
qu'il fait lors de la floraison.

Pag. 129. Deuxième Partie. M. Feburier entreprend d'expliquer les
altérations que reçoit la marche de la nature dans la culture des arbres
fruitiers, et sur-tout des fleurs doubles ; là il est sur son terrein, je n'en-
treprendrai pas de l'y suivre ; seulement je dirai que je ne vois point
que tous les effets qu'il passe en revue ne puissent pas s'expliquer
autrement que par le cours de deux Sèves.

Pag. 157. Troisième Partie. Si
on applique les principes que j'ai
émis dans ce mémoire, aux différentes opérations pratiquées par
les cultivateurs, on verra qu'ils

Comme M. Feburier, j'ai terminé mes essais par l'emploi de mes
principes pour expliquer les différentes opérations de la culture. Que
l'on compare le tableau que j'en

Opinions de M. Feburier.

Rép. de M. Du Petit-Thouars.

n'en font pas dont les résultats ne puissent être facilement expliqués, et qui ne servent à appuyer mon opinion. Je vais les examiner sous ce rapport.

Le cultivateur sème, recèpe, greffe, ébourgeonne, taille, incline et arque ses arbres ; il leur fait l'opération de la circoncision et de la térébration ; il leur coupe des racines ; enfin, il fait des boutures et des marcottes.

Pag. 159. La GREFFE..... Il se forme au point de réunion du sujet et de la greffe un nœud, dans lequel les vaisseaux séveux sont plus serrés et moins verticaux que dans les autres parties de la tige. Il y a aussi interruption entre l'état médullaire du sujet et celui de la greffe, l'écorce fait un bourrelet. La sève des racines éprouve donc un obstacle dans son ascension, et la plante pousse moins vigoureusement que si on ne lui avoit pas fait cette opération, même en supposant qu'on ait pris sur le sujet la greffe qu'on y a placée.

Pag. 168. L'ébourgeonnement ne consistoit, dans le principe, que dans la suppression des boutons à bois mal formés. On faisoit cette opération au moment de la taille d'hiver ou au commencement de la pousse du printemps. C'est ainsi que j'ai vu opérer dans ma jeunesse ; il se fait maintenant en pinçaut et en diminuant plus ou moins, pendant et après le premier jet de la sève ascendante, la longueur d'un grand nombre de branches que les jardiniers nomment brindilles, dont ils veulent faire de petites branches à fruit.

ai donné avec celui-ci, et qu'on juge après cela laquelle de nos deux marches est la plus simple et la plus conforme à celle de la nature.

Ici donc M. Feburier passe en revue l'ensemble des opérations qui ont rapport à la direction des Arbres. c'est l'esquisse du tableau que j'en ai tracé dans mon douzième Essai, seulement il a interverti l'ordre que j'ai suivi.

Quand les greffes sont faites sur des sujets bien analogues, dès la première année les fibres ligneuses et corticales nouvelles sont contiguës sur les deux, en sorte qu'il n'y a pas la moindre différence de l'un à l'autre, et qu'il n'y existe pas le moindre nœud. Tandis que la marque du bourrelet se conserve à l'extérieur pendant toute l'existence de l'arbre.

Ainsi, je pense que la Sève n'éprouve pas plus de difficulté à monter dans un Arbre greffé que dans un Franc.

Ici M. Feburier s'écarte de l'avis de tous les cultivateurs, en prétendant que, dans le principe, cette opération consistoit dans l'enlèvement simple du Bourgeon ou *Gemma* non encore développé; tandis que le premier auteur français qui en ait parlé, à ma connoissance, Charles - Etienne, donne le mot *Ébourgeonner* comme la traduction du mot latin *pampinare.* Or, par les passages de Caton, Columelle et de Varron qu'il cite, on voit que l'opération qu'ils nomment *Pampinatio*, n'étoit autre chose que l'enlèvement des nouvelles Branches ou Scions sortant des Bourgeons. (*V. Prædium Rusticum*, pag. 349.) L'auteur du *Jardinier Français*, publié en 1651, qui est le premier qui ait parlé des Espaliers d'une manière

Opinions de M. Feburier. | *Rép. de M. Du Petit-Thouars.*

précise, emploie le mot Ébourgeonner, dans le sens qu'on lui donne maintenant.

Pag. 168, *en Note.* J'ai vu mon père faire l'ébourgeonnement au moment où les boutons alloient se développer ; il détruisoit tous les boutons à bois avec la serpette. Mais quand l'arbre étoit vigoureux, une partie des boutons stipulaires se développoient, et tout le travail étoit à refaire. Pour éviter cet inconvénient, au lieu d'enlever les boutons stipulaires avec le bouton principal, ce qui étoit facile, on a préféré retarder l'opération jusqu'au moment du palissage et même de la taille d'été, en conservant toujours le mot d'ébourgeonnement, quoiqu'il ne fût plus question d'ébourgeonner, mais de couper des branches mal placées. Ce *Nouveau mode* peut convenir aux arbres vigoureux qu'on ne peut étendre faute d'emplacement, et qu'on veut épuiser un peu pour les mettre à fruit ; mais l'ancienne méthode est préférable pour les arbres qui ne s'emportent pas et dont il est utile de conserver la sève. Le talent du jardinier consiste à composer les deux méthodes suivant les circonstances.

Je ne doute pas qu'une opération aussi simple n'ait été imaginée et pratiquée depuis long-temps ; mais on peut penser que cela a toujours été sans suite et presque accidentellement ; car aucun des auteurs qui ont écrit sur la culture des arbres n'en a parlé, du moins à ma connaissance, et je prie M. Feburier de me les indiquer s'il en trouve, s'il en est sur-tout qui constatent que cette opération d'enlever les Bourgeons ou *Gemma*, avant leur développement, ait jamais porté le nom d'Ebourgeonnement, et enfin de déterminer à-peu-près l'époque où il a changé de signification pour prendre celle qu'elle a maintenant ; jusque-là je **regarderai** comme *l'Ancien mode* **la** pratique d'enlever pendant l'été **les** jeunes branches ou Scions nouvellement développés.

J'avois déjà pressenti ses avantages lors de la publication de mon XIIe. Essai, et voici comment je l'annonçai, art. 5 :

« Ebourgeonnement. Il consiste
» dans le retranchement des bour-
» geons.
   » Ce nom de bourgeon signifiant,
» selon nous, la jeune pousse non
» développée, le Gemma des latins,
» et suivant plusieurs agriculteurs,
» le Scion ou jeune branche, peut
» avoir deux significations que nous

» allons examiner successivement ; par la première on entend l'en-
» lèvement même du Bourgeon avant son développement.
   » On ne la pratique pas habituellement ; cependant cette opération
» seroit facile à exécuter pendant l'hiver ; car le bourgeon étant très-
» tendre (et non *tendu* par faute typographique) à la base, cède au
» moindre effort. Elle pourroit être employée avantageusement ; mais
» elle est trop minutieuse pour être pratiquée en grand. »
   Je regardois donc cette opération comme utile ; mais seulement je
craignois qu'elle ne présentât des difficultés dans son exécution. Mais
j'entendis parler, dans le sein de la Société d'Agriculture, d'un jardinier

Opinions de M. Feburier.   *Rép. de M. Du Petit-Thouars.*

qui la mettoit en usage depuis plusieurs années, et qui annonçoit qu'il en retiroit de grands avantages ; c'étoit M. Sieule, jardinier au superbe château de Praslin, près Melun : dès-lors, excité par ma propre curiosité, je me promis de visiter ce lieu le plus tôt possible, et je reçus de plus la mission de la Société, d'examiner ce nouveau procédé pour lui en rendre compte ; c'est ce que j'ai exécuté peu de temps après, et j'en fis un premier rapport dans la séance du 7 mai ; mais ce n'étoit qu'un exposé succinct de ce que j'avois vu.

La séance suivante, j'en présentai un plus détaillé, dans lequel, après avoir donné une notice historique sur les espaliers, je développois avec des figures la manière d'opérer de M. Sieule ; et j'ai conclu mon rapport en disant :

» Voilà donc trois manières de gouverner les espaliers, la Taille pratiquée généralement, la Non-taille ou l'Arqure pratiquée par M. Cadet de Vaux, et l'Eborgnement imaginé et pratiqué par M. Sieule. »

Je me servis dans le premier moment de ce mot d'éborgnement ; mais comme il présente un sens propre désagréable, il me semble plus convenable de nommer cette opération Ebourgeonnement, et d'adopter celui d'Escionnement pour l'ancienne opération. La Société avoit arrêté l'impression de mon rapport dans ses Mémoires.

Je regarde donc cette découverte comme une des plus utiles qu'on puisse imaginer pour la direction des arbres fruitiers, et c'est à M. Sieule qu'on doit en attribuer l'honneur, à moins que M. Feburier ne constate par des citations authentiques, qu'elle ait été employée habituellement par d'autres.

Pag. 169, *continuation de la Note.* Il résulte de ces faits que les mots *Bourgeons* et *Boutons à bois* devroient être synonymes, et que M. Du Petit-Thouars a eu raison de soutenir cette opinion, qu'il a d'ailleurs prouvée sous d'autres rapports. Il me paroît qu'on éviteroit les équivoques, en nommant Gemma le bouton dont le produit n'est pas encore fixé, *Bourgeon* le bouton à bois, et *Bouton à fruit* celui qui doit en produire.

D'après cette manière de penser, pourquoi M. Feburier a-t-il constamment nommé dans son Essai, Bouton, ce qui devroit être nommé Bourgeon ? ne seroit-ce pas pour condescendre à l'opinion prédominante parmi les agriculteurs les plus renommés ; mais il auroit dû alors nommer la jeune branche développée, ou suivant moi le Scion, Bourgeon ; car là il se présente d'une manière équivoque qui ne satisfait jamais les deux partis. Pour moi, qui vais toujours droit mon chemin, et qui le suis toujours tant que ma raison m'indique qu'il est bon, sans m'inquiéter si j'ai des compagnons de voyage, je nommerai toujours Bourgeon le corps reproductif qui se trouve à l'aisselle des feuilles, qu'il ait des écailles ou qu'il n'en ait pas, et je lui conserverai ce nom jusqu'à ce qu'il se développe et forme une jeune branche ; alors ce sera un Scion : lorsque les Bourgeons qui seront sur ce Scion se développeront à leur tour et en produiront de nouveaux, je le nommerai Rameau ; il deviendra Branche lorsqu'une seconde génération de Bourgeons se sera développée.

Enfin le Scion qui se trouve être le principal ou montant droit, qu'il provienne de la Graine ou d'un Bourgeon, deviendra le Tronc ou la Tige, suivant que ce sera un Arbre ou une Herbe. Il suit de là que dans le nombre

Opinions de M. Feburier.   *Rép. de M. Du Petit-Thouars.*

des opérations que j'ai décrites, *Essai XII*, art. 3) je me permettrai des changemens. EFFEUILLEMENT, l'enlèvement des Feuilles ; EBOURGEONNE-MENT , l'enlèvement des Bourgeons ; ESCIONNEMENT , l'enlèvement des jeunes branches ou Scions ; EBRANCHEMENT , l'enlèvement des Rameaux ou des Branches; ETRONÇONNEMENT , la suppression du Tronc en tout ou en partie; en sorte que le mot de TAILLE sera réservé exclusivement pour désigner les retranchemens qu'on fait aux Arbres fruitiers, dans le but de favoriser leur durée ou la production des fruits.

Pag. 174. L'ARQURE des branches produit encore un effet plus prompt que leur inclinaison., parce que la sève ascendante y est plus gênée dans son cours, et que celle descendante prend plus tôt la supériorité. Aussi l'arbre se met-il plus promptement à fruit, et il périt en peu d'années. J'ai détaillé dans mon rapport sur cette méthode de gouverner les arbres, inséré dans les journaux d'agriculture , et imprimé par arrêté de la Société d'Agriculture de Seine - et - Oise, ses avantages et ses inconvéniens.

On peut voir dans mon XIIᵉ Essai, art. 3, la manière dont j'ai parlé de l'Arqure. J'y termine cet article en disant :

« Mais en tout état de cause l'Arqure est pratiquée depuis trop peu de temps pour qu'on puisse avoir des notions bien précises sur ses avantages et sur ses inconvéniens. Ensuite la comparant avec la Taille , dans l'article 6 , je donne la conclusion citée plus bas en regard de celle de M. Feburier ; et elles se rapprochent tellement, que celui-ci, dans les notes et observations manuscrites qu'il m'a

communiquées, me reproche de la lui avoir empruntée sans le citer ; mais on peut voir qu'elle étoit une suite très-naturelle de ma manière d'envisager cette opération ; au lieu que j'avoue, après la manière dont M. Feburier l'a décrié dans le cours de son rapport, que je ne m'attendois pas à le voir conclure de cette façon.

Nous pensons que l'arqure peut être considérée dans les arbres formés , comme le complément et le perfectionnement de la taille ; mais nous ne croyons pas qu'elle puisse la remplacer. (*Rapport sur l'Arqure*, pag. 23.)

Nous concluerons en disant que ces deux opérations (l'Arqure et la Taille) ayant des effets différens, ne peuvent se suppléer ; mais qu'elles peuvent très-bien se combiner , et qu'il doit en résulter un grand avantage pour la direction des arbres fruitiers. (*Ess.* XIIᵉ. art. 6, p. 245.)

Voilà la cinquième année que j'examine cette pratique, soit chez M. Cadet de Vaux, soit à la pépinière du Roule où je me suis hâté de faire des expériences. Ce sera après avoir vu son effet cette année , que je me permettrai d'exposer franchement mon opinion à ce sujet.

Conclusion, pag. 88. On voit que toutes les opérations des cultivateurs s'expliquent facilement par les principes que j'ai établis , que les résultats de ces opérations sont le produit du mouvement des deux sèves et de leurs combinaisons.

(*Conclusion , Essai XIIᵉ.* art. 15.) Ainsi donc il résulte de l'examen que nous venons de faire de ces différentes opérations, qu'aucun des principes que nous avons regardés comme fondamentaux, n'est attaqué, mais que plusieurs *lois réparatrices* se sont manifestées.

AITIOLOGIE

DES MARCOTTES.

PAR le mot de Marcottes on désigne une des opérations les plus utiles et les plus faciles pour multiplier les plantes par Bourgeon. Elle consiste ordinairement en une branche plongée en terre, de manière à acquérir des racines et à former un nouvel individu. Il paraît que ce mot est une altération du latin *Mergus*, qui signifie Plongeon.

Un grand nombre d'Arbres, d'Arbustes et de Plantes herbacées, se multiplient de cette manière, tous peuvent servir d'exemple pour l'examen de cette pratique; mais ici je fixerai l'attention sur l'arbuste qui m'a mis le premier sur la voie pour reconnoître.

C'est ce qu'on nomme vulgairement *Bourgéne du Canada*, le *Rhamnus hybridus* de L'héritier, qui l'a décrit le premier, et le *Rhamnus burgundiacus* du Jardin des Plantes, arbuste très-agréable par son feuillage, mais sur l'origine duquel il y a encore beaucoup de doutes; la figure présentée ici est un idéal qui peut appartenir à tout autre arbuste.

Elle représente une souche tenue basse exprès pour qu'elle fournisse chaque année des Scions assez près de terre pour qu'on puisse les coucher; c'est ce qu'on nomme une *Mère*: elle en produit ordinairement un grand nombre; mais pour éviter la confusion, on n'en a mis que cinq, dont quatre sont étronçonnés, ils peuvent être considérés comme sem-

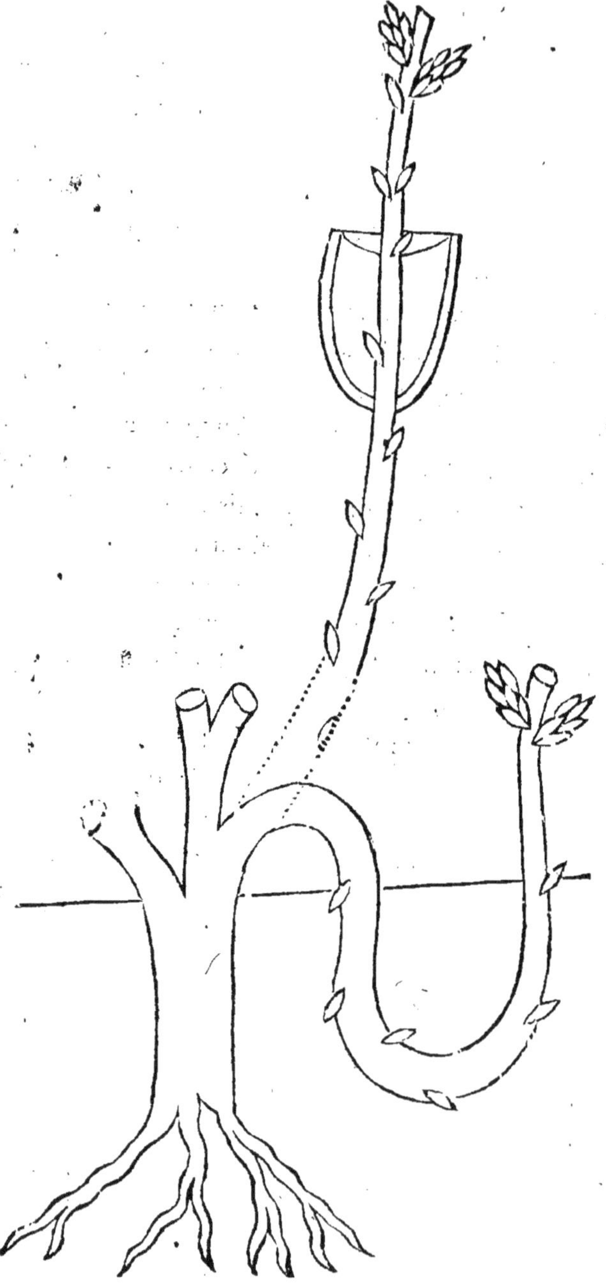

blables au cinquième. Celui-ci est une jeune branche de l'année, ou un Scion, dont on a encore retranché une partie du sommet. On suppose les Feuilles tombées, en sorte qu'il ne porte plus que les Bourgeons qui ont paru à leurs aisselles. On doit remarquer que, suivant le cours de la nature, cette branche est d'un plus grand diamètre à sa base qu'à son sommet, en sorte qu'elle présente la forme d'un cône alongé tronqué.

Pour en faire la Marcotte au commencement de l'automne, on la recourbe en arc, de manière qu'une grande partie de sa longueur se trouve enfouie dans la terre, et qu'il ne sorte en dehors que les deux bourgeons terminaux.

Au lieu de lui donner cette courbure, on auroit pu laisser cette Branche droite, mais la faire passer dans un Vase ou un Panier dans lequel on auroit mis de la Terre ou de la Mousse qu'on auroit toujours eu soin de tenir humectée. On se sert de ce moyen quand on veut marcotter un arbre ou plante élevée dont les Branches ne peuvent toucher la terre.

Beaucoup de Plantes réussissent de ces deux manières sans opérations préparatoires ; mais dans d'autres on a appris qu'il falloit souvent entamer l'Ecorce, soit par des entailles qui entrent plus ou moins dans le bois, soit en l'enlevant tout-à-fait par la Circoncision, c'est-à-dire en enlevant un anneau complet.

Cette opération faite, l'hiver se passe sans qu'on remarque rien de nouveau : ainsi à telle époque qu'on examine la partie enfouie, on ne découvre pas d'apparence de nouvelles Racines.

Le printemps arrive, les deux Bourgeons restés hors de terre se développent, et par là donnent naissance à deux branches semblables à celle qui a fourni cette Marcotte, c'est-à-dire que chacune des feuilles qui se trouvoient renfermées dans ce bourgeon se développe et acquiert insensiblement son *maximum* d'accroissement, et que dès l'instant qu'elle a paru, il se manifeste dans son aisselle un nouveau Bourgeon qui parvient aussi, dans un certain espace de temps, au volume qu'il doit conserver jusqu'à ce qu'il se développe l'année suivante.

Chacun de ces Bourgeons détermine la formation d'un certain nombre de fibres ligneuses et corticales ; d'où il résulte que la partie du rameau enfouie a augmenté sensiblement en diamètre, tandis que l'autre extrémité de l'arc qui sort pour attacher la branche à l'arbre n'a pas grossi sensiblement ; en sorte qu'elle se trouve d'un diamètre plus petit que son sommet, ce qui est bien contraire à ce qui a été observé lors du marcottage.

Mais s'il se trouve d'autres Bourgeons sur cette partie, ils se développent ; et à partir de là, il y a une augmentation en diamètre qui se prolonge sur la tige.

Si l'on déterre une de ces Marcottes, on verra que l'augmentation en diamètre se prolonge dans toute la partie enfouie ; mais elle va en diminuant jusqu'à la partie où commence l'immersion. Cet effet a lieu dans un espace de moins de six semaines, à partir du moment où les Bourgeons ont commencé à se développer.

Alors commence un travail dans cette partie enfouie : on y voit pointer des tubercules, et bientôt on les reconnoît pour des racines ; en sorte qu'en deux ou trois mois de temps toute cette partie s'en trouve abondamment garnie.

Si alors on enlève l'Ecorce de cette Marcotte, on verra que les fibres qui forment la surface du bois sont des fils

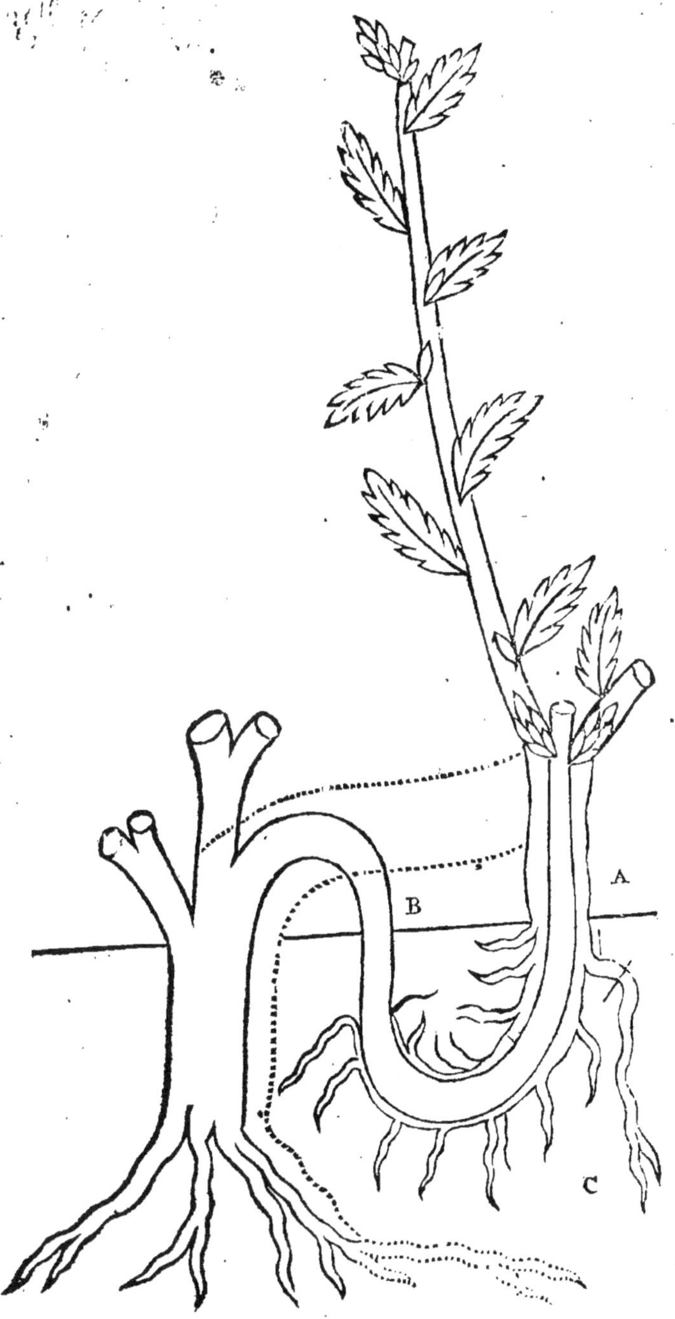
B
A
C

continus dont une extrémité va se perdre successivement
sous chaque Bourgeon, d'où il paroît en partir un faisceau,
et que l'autre se termine aux derniers chevelus des Racines.

Si à présent nous examinons une branche qui soit restée
dans son état naturel, nous verrons que l'augmentation
qu'elle aura reçue se sera étendue dans toute sa longueur,
et que de là il sera passé sur le tronc, qu'il sera descendu
jusqu'aux racines, et qu'il aura déterminé des sorties nouvelles; en sorte qu'en dépouillant l'écorce on verra la continuité de fibres évidentes depuis la base des nouveaux
bourgeons jusqu'à celle de ces Racines : toute la différence
qu'il y aura, c'est que la racine C, par exemple, au lieu
de se manifester si près de son origine, ne se sera développée qu'à l'extrémité des anciennes, telles que la ligne
ponctuée l'indique. Les mêmes effets auront lieu pour la
Marcotte faite dans le Vase ou Panier; en sorte qu'il est
évident que ce n'est pas la courbure donnée à la branche
qui les détermine, car ce seroit en vain qu'on courberoit
des branches sans y apporter un réservoir d'humidité; il
n'en sortira jamais de racines.

Revenons encore à l'examen de l'intérieur. Si je coupe
un rameau pareil à celui qui a été marcotté, et que j'en
coupe un tronçon à la base et un autre au sommet, et que
je les compare ensemble,

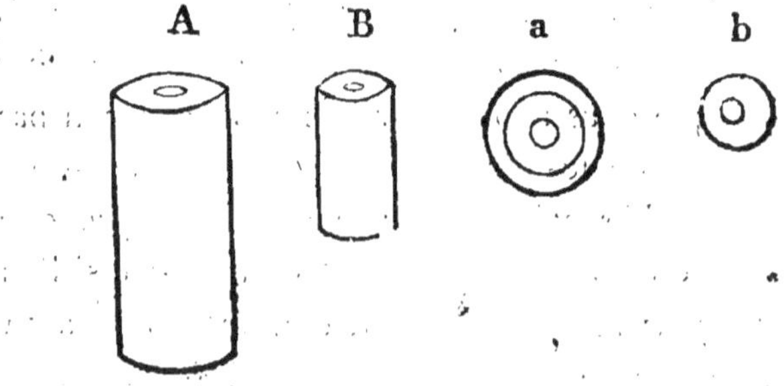

on verra facilement que celui de la base, marqué **A**, est d'un diamètre bien plus considérable que celui d'en haut, marqué **B** : comme ils paroîtront d'une substance à-peu-près homogène, et que le poids correspondra à leur volume, il sera certain qu'il y aura plus de matière dans la partie inférieure que dans la supérieure. Ici on sera peut-être tenté de me répondre de la manière que j'ai répondu à l'objection qu'on m'a faite sur la différence de solidité qui existe entre la forme des branches et le tronc ; mais l'examen de la branche décortiquée citée ici, établit une grande différence : si je la parcours, je verrai que sous chaque bourgeon se perd un faisceau de fibres, en sorte que la somme qui se trouvoit à la base se répartit successivement dans tous ceux qui se trouvent sur le passage, et qu'arrivé à ceux du sommet je ne trouve plus qu'une couche très-mince de fibres qui suffisent à peine pour envelopper l'étui médullaire : aussi sur la tranche de cette partie le cercle de la moelle en occupe presque tout l'intérieur.

Cette branche, ou Scion, peut donc être comparée à un ruisseau qui reçoit successivement sur son passage des sources qui le grossissent jusqu'à ce qu'il entre dans une autre rivière qu'il grossit à son tour ; celle-ci entre dans un fleuve qui augmente toujours jusqu'à ce qu'il aille se perdre dans l'Océan ; mais y portera-t-il toutes les eaux qu'il a reçues ?

Il est certain que, suivant les observations de Duhamel, il y a apparence qu'un tronc portant cinq branches comme celui que nous avons représenté, n'égaleroit pas en solidité la somme des cinq réunies ; mais il n'en seroit pas moins vrai qu'il seroit toujours beaucoup plus gros que chacune d'elles en particulier ; et il est certain que si l'on réduit en tronçons la tige principale d'un arbre, on aura beau les mêler, si l'on en prend au hasard deux, part comparaison de leur calibre, un enfant jugera tout de suite que celui qui est le plus gros devoit être le plus près de la terre (1).

En sorte que si je prends sur la Marcotte enracinée un tronçon au point *A* d'Émersion, et l'autre en *B* au point d'Immersion, et que je les présente à quelqu'un, l'assurant qu'ils proviennent de la même branche, il n'hésitera pas à dire que le cylindre *A* étoit le plus près de la tige ou de la mère-branche, tandis que l'autre, *B*, étoit vers le sommet. Ce ne sera pas sans une grande surprise qu'il apprendra que le contraire a lieu, ce sera pour lui un problême dont il désirera la solution. Mais un observateur, si on lui présentoit en même temps les deux échantillons de chaque branche, seroit mis sur la voie du mystère, par la comparaison qu'il en feroit; car il verroit que sur les deux tronçons provenant de la Branche laissée dans son état naturel, le Corps ligneux est renfermé dans un seul cercle, en sorte que dans les deux ils ne diffèrent que par leur diamètre, au lieu que dans la Marcotte la partie supérieure de ce corps ligneux est partagée en deux par un cercle concentrique, ce qui n'a pas lieu dans l'inférieure.

Ce cercle circonscrit donc la partie surajoutée : nous avons vu qu'elle consistoit principalement en Fibres qui descendoient des Bourgeons et qui se sont arrêtées dans la partie enfouie, et qu'ensuite elles ont produit des Racines telles que celles que nous représentons en C.

Il est certain, comme nous l'avons dit, que

______

(1) Je ne m'embarrasse pas ici dans le cas particulier de quelques arbres fruitiers ou autres qui ont éprouvé des accidens, où l'on voit évidemment des branches plus grosses que le tronc qui les porte.

si la branche eût été laissée dans son état naturel, cette racine se seroit produite à l'extrémité de quelques - unes des anciennes. De plus, à tel point qu'on eût enfoncé la branche marcottée, ou qu'on eût placé le vase servant de réservoir d'humidité, cette Racine, ou du moins une analogue, se fût manifestée, parce que les fibres qui la composent trouvoient tout de suite le but où elles tendoient. Il me paroît donc évident par là que la portion de fibres, qui sépare le Bourgeon des Racines, est un intermédiaire dont la longueur n'importe nullement à la nature, puisqu'on peut le raccourcir à volonté; et pour cela il suffit de placer le réservoir d'humidité plus ou moins haut.

Il suit encore évidemment de ces faits, que le mouvement qui détermine la Végétation vient du sommet de l'Arbre, des Bourgeons, et non pas des Racines; je terminerai par ce principe fondamental :

Les Fibres ligneuses ne sont autre chose que les Racines des nouveaux Bourgeons.

EXTRAIT

D'un Rapport fait à la Société d'Agriculture, par M. Du etit-Thouars, *le 1er mars 1811, sur une nouvelle manière de diriger les Arbres en espalier, sur-tout les Pêchers, imaginée par M.* Sieule.

(Tiré du Bulletin de la Société Philomatique.)

M. Sieule, jardinier au château de Praslin, met en pratique, depuis plusieurs années, une nouvelle manière de diriger les Arbres, et sur-tout les Pêchers en espalier. Voici en quoi elle consiste : il forme son Arbre sur deux Branches mères, comme les habitans de Montreuil; mais il les incline à l'horizon de 60 à 75 degrés, au lieu de 45, usités ordinairement.

Il les laisse dans tout leur entier ; mais au printemps, avant l'épanouissement des Fleurs, il enlève avec un instrument très-tranchant tous les Bourgeons, excepté quatre, disposés également sur la longueur de chaque Branche ; le premier en bas vers le quart, à quelque distance de la naissance de cette branche ; le second en haut, vers le milieu, et le troisième vers les trois quarts ; enfin, le quatrième est celui de l'extrémité, qui doit prolonger la Branche ; les trois autres donnent chacun une Branche latérale, en sorte que l'Arbre en a six. Il n'a d'autre soin, pendant l'été, que de les palisser. Dès le mois de novembre, il retranche, par la Taille, les trois quarts des six Branches latérales ; mais il laisse les deux terminales entières. Au printemps suivant, il les traite comme les deux premières, c'est - à - dire, qu'il ne leur laisse que quatre Bourgeons disposés de la même manière. Quant aux latérales, il ne leur en laisse que trois, dont l'un, devenu terminal, continue la direction de la Branche. Par ce moyen, il se trouve avoir les sources de 26 nouvelles Branches, dont deux continuent à prolonger les mères Branches : elles sont palissées pendant l'été, taillées et ébourgeonnées de la même manière. Chaque année le nombre des Bourgeons, et par conséquent des nouvelles Branches, doit se tripler, en outre deux de plus pour les Branches mères ; en sorte qu'il se trouve 80 Bourgeons la troisième année, 242 la quatrième.

Reste maintenant à parler de la production des Fruits. Dans le Pêcher bien portant, à l'aisselle de chaque Feuille, comme dans tous les Arbres dicotylédones, il se trouve, au moment de son épanouissement, d'abord un seul Bourgeon ou œil ; mais vers le milieu de l'été, il s'y en trouve trois : les deux latéraux sont chacun le Bouton d'une seule Fleur, et celui du milieu est un Bourgeon à Feuille, destiné à former la nouvelle Branche ou Scion ; en sorte donc que le nombre des Fleurs, chaque année, est le double de celui des Bourgeons ou yeux laissés, par conséquent l'espérance des Fruits. Ainsi la première année, il pourroit y en avoir seize ; mais l'arbre étant trop jeune, n'auroit pas produit de Fleurs, ou bien on ne les auroit pas laissé subsister ; la seconde, il en auroit 52 ; 160 la troisième, et 484 la quatrième.

On voit facilement que c'est là le *maximum* de la production des Branches et des Fruits ; mais c'est un idéal qui vraisemblablement ne peut exister à cause des accidens sans nombre auxquels les Arbres sont exposés.

Les Arbres dirigés par cette manière depuis six ans par

M. Sieule, témoignent, par leur beauté, de la bonté de sa méthode ; mais cela peut tenir au sol : il seroit avantageux qu'elle fût essayée par d'autres cultivateurs.

Il est certain qu'elle présente l'apparence d'un grand avantage, celui de n'être pas obligé d'ébourgeonner pendant l'été ; travail long, et qui, regardé comme très-critique, ne peut être confié qu'à des mains habiles.

M. Sieule, en enlevant la source des Branches surabondantes, épargne, d'un côté, la déperdition inutile d'une grande partie de substance produite par la Sève, qu'on enlève, soit par l'Ébourgeonnement ordinaire, soit par la Taille du printemps ; d'un autre côté, on peut penser que si l'Arbre retenoit seulement la moitié des Fruits qu'on lui laisse, il en auroit assez ; mais si l'on considère que ceux qu'on traite de la manière ordinaire n'en conservent peut-être pas le dixième, on doit craindre qu'il n'y ait pas assez de ressources en cas d'accident.

Nota. On a désigné dans tout le cours de ce Rapport, par le mot Bourgeon, le *Gemma*, et non son développement.

On peut voir à Praslin le résultat de cette méthode dans treize Pêchers de suite, qui ont tous de quarante à cinquante pieds d'envergeure. Dans le principe, cet Espalier étoit garni de vingt-six Arbres à vingt-quatre pieds de distance ; mais M. Sieule a été obligé de le réduire, en élaguant les intermédiaires ; en sorte qu'avant peu cet espace de six cent vingt-quatre pieds sera garni complètement par ces treize Arbres. Ils étoient tous garnis de fruits superbes, cette année, mais comparés avec quelques Arbres de Montreuil, ils n'avoient pas la même quantité à raison de l'espace qu'ils couvroient ; mais on sent que par le procédé exposé il ne tient qu'au jardinier de doubler la récolte, s'il ne croyoit par là obtenir la *Qualité* aux dépens de la *Quantité*.

Cet extrait a été inséré dans la *Gazette de France*, mais sans indication de la source où il avoit été puisé : de là il est passé dans plusieurs autres journaux, entr'autres dans la *Bibliothèque des Propriétaires ruraux ;* mais où il est tronqué, et c'est dans cet état que M. Cadet-de-Vaux l'a soumis à son examen et à sa critique.

EXTRAIT

D'un Mémoire sur la Reformation de l'Epiderme dans les Arbres qui ont été décortiqués; lu dans la séance particulière de la première Classe de l'Institut, du 15 juillet 1811, par M. Du Petit-Thouars.

(Bulletin de la Société Philomatique, n°. 48.)

L'Epiderme, ou la surface extérieure de toutes les parties des Plantes, paroît être de la plus grande importance dans leur Économie, puisque c'est lui qui sépare la Vie, ou l'acte de la Végétation, de toutes les causes extérieures. Cependant, jusqu'à présent on a recueilli peu de données pour expliquer sa formation primitive, et personne encore n'a tenté de découvrir la manière dont il se prête aux augmentations annuelles de l'Ecorce et du Bois. On est encore moins avancé sur sa reformation, quand il est enlevé. C'est donc sur un sujet qu'il regarde comme presqu'entièrement neuf, que M. Du Petit-Thouars a dirigé ses recherches.

On peut enlever l'Epiderme seul, c'est ce que M. Du Petit-Thouars nomme l'*Excoriation*, opération qu'il distingue de la *Décortication*, qui est l'enlèvement entier de l'Ecorce, par conséquent de l'Epiderme aussi; de là suivent deux manières de priver un arbre de son Epiderme, l'une et l'autre sont faciles à exécuter. L'auteur a annoncé, dans ses *Essais* (*Voy*. art. VI, et dans ce *Bulletin*, tom. I, p. 431), que certaines espèces qui ont l'Ecorce lisse,

comme le Bouleau et le Merisier, s'excorioient d'une
manière très-remarquable ; car dès qu'on en avoit détaché
et soulevé une petite portion de leur Epiderme, de quelque façon qu'on la tirât, elle se détachoit en lanière, qui
tendoit à décrire une hélice autour du tronc d'arbre ; en
sorte qu'avec un peu de précaution , aux endroits raboteux
on pouvoit parvenir à le dépouiller totalement, et que
tout l'Epiderme se trouvoit réduit en un ruban d'une seule
pièce. Dans ce nouveau Mémoire, l'auteur ajoute une circonstance qu'il a découverte récemment, et qui pourra
être utile pour l'explication de ce phénomène. Jusque-
là il n'avoit pu décider si l'hélice se décrivoit dans un
seul sens, par exemple de droite à gauche, ou dans les deux
indifféremment ; une dernière observation a éclairci pleinement ses doutes à ce sujet. Voici en quoi elle consiste :
il avoit tenté d'enlever l'Epiderme d'un Cerisier , mais la
lanière qu'il a détachée à cet effet , au lieu de former
une bande à bords parallèles , a été en s'élargissant , de
manière à former un angle aigu ; mais parvenue au point
où la déchirure avoit commencé , elle s'est trouvée partagée en deux rubans , dont l'un s'est déroulé en montant,
et l'autre l'a fait en descendant ; continuant à les enlever
en même temps en tirant du même côté , il a eu la preuve
manifeste que l'un se dérouloit de gauche à droite , et
l'autre dans le sens opposé, c'est-à-dire de droite à gauche.
Plusieurs autres expériences tentées ensuite , lui ont con-
firmé cette vérité , que sur le même Tronc ou Branche ,
le déroulement de l'Epiderme pouvoit s'opérer à volonté
dans l'un ou l'autre sens.

Mais de quelque manière que s'opère l'Excoriation ,
on met à nu la Couche parenchymateuse verte ; celle-ci ,
suivant les observations précédentes de M. Du Petit-
Thouars , étoit destinée à reformer un nouvel Epiderme

ou à devenir une de ses nouvelles couches l'année suivante : elle est donc appelée à remplir cette fonction
beaucoup plus tôt qu'elle ne l'eût fait naturellement ; mais
malgré cela on ne doit pas être très-surpris d'apprendre
que c'est en très-peu de temps que ce changement s'opère,
c'est-à-dire qu'elle paroît bien avoir remplacé cet Epiderme, quant à son utilité de mettre l'intérieur à l'abri
du contact de l'air ; mais elle ne reprend jamais l'aspect
que celui-ci avoit, en sorte qu'il reste toujours une cicatrice reconnoissable. La couleur verte du Parenchyme se
ternit promptement, et se change en peu de jours en un
brun foncé ; c'est une dessiccation qu'il éprouve : il en
résulte de petites fentes horizontales très-rapprochées ;
d'autres déchirures plus larges, plus écartées, les divisent
verticalement, et jamais cette partie ne reprend la surface
lisse et continue qu'elle avoit.

La seconde manière de priver un arbre de son Épiderme, c'est d'enlever l'Ecorce entière. M. Du Petit-
Thouars distingue par deux noms deux cas : le premier
est l'*Excoriation* simple, c'est l'enlèvement de lambeaux
d'Ecorce en long ; l'autre est la *Circoncision*, qui est l'enlèvement d'un anneau horizontal complet. On voit facilement que cette dernière opération est la plus grave ;
ainsi la première, quelque considérable qu'elle soit, en-
traîne rarement la perte de l'arbre, tandis que dans la seconde il n'est qu'un petit nombre d'espèces qui puissent
y résister ; mais il y a des exemples qui prouvent qu'il
en est parmi, qui peuvent vivre plusieurs années, sans
qu'il y ait eu réparation d'Ecorce ; mais plus ordinairement celle-ci tend tout de suite à se réparer, ce qui s'exécute souvent assez promptement.

La nature emploie deux modes de réparation : le premier par le Bourrelet de la plaie supérieure, qui , se pro-

longeant successivement, finit par remplir tout l'espace.
Dans ce cas, l'Epiderme paroît se former simultanément
avec toutes les autres parties. Mais il n'en est pas de même
dans la seconde manière, comme on va le voir : elle a
lieu presqu'immanquablement, si l'on met le Bois à couvert, soit en remettant dessus l'Ecorce même détachée,
soit par tout autre moyen ; mais elle s'exécute aussi très-
souvent, quoique le Bois reste entièrement à nu ; et comme
alors on peut suivre ses progrès facilement, c'est un
exemple de cette nature que choisit M. Du Petit-Thouars
pour exposer comment s'opère ce mode de réparation.
Le bois étant mis à nu, se dessèche promptement, et en
peu de jours il paroît privé de toute vitalité, il ne reste
pas la moindre trace d'humidité, par conséquent de Cambium ; d'ailleurs, suivant lui, on peut l'enlever en essuyant
toute la partie décortiquée. Après un laps de temps plus
ou moins long, on aperçoit quelques Boursouflures isolées
et disséminées sur toute la surface décortiquée ; elles prennent une couleur verdâtre, et elles sont très-tendres, en
sorte qu'on les entame facilement avec l'ongle ; par ce
moyen on reconnoît tout de suite la présence du Parenchyme : insensiblement elles se renflent toutes, deviennent des espèces de pustules semblables à des coulures de
cire ou de suif, d'autant mieux qu'elles se prolongent en
long du haut en bas. Pour peu qu'elles aient pris d'accroissement ; on peut s'assurer qu'elles sont déjà composées
d'un Epiderme, d'une Couche parenchymateuse et de
fibres corticales, formant une portion complète d'Écorce,
une couche de Cambium, enfin de fibres ligneuses. Il
semble, d'après cela, que ces fibres qui composent le Liber
et le Bois sont isolées, c'est-à-dire qu'elles sortent à un
point déterminé du corps même du Bois, et qu'elles y
rentrent peu de temps après, par conséquent qu'elles ne

s'étendent pas du sommet de l'arbre jusqu'à sa base : mais si la réparation se complète , ce qui n'arrive pas toujours (1) , alors toutes ces parties se trouvent continues avec les anciennes: ainsi les Fibres ligneuses sont la prolongation évidente de celles qui descendent de la partie supérieure de l'arbre et qui forment sa Couche annuelle, et elles se prolongent au-dessous de la plaie, en sorte qu'il s'y trouve une Couche annuelle, par conséquent augmentation en diamètre jusqu'à l'extrémité des Racines : ce qui est digne de remarque , parce que l'un des effets les plus marqués de la Circoncision , lorsqu'elle n'est pas réparée , c'est que la Couche annuelle ne se forme qu'au-dessus de la plaie. Les Couches du Liber se trouvent pareillement continues du sommet de l'arbre jusqu'à sa base : il en est de même du parenchyme extérieur. Quant à l'Epiderme, on voit très-facilement qu'il est d'une seule pièce sur toute l'étendue de la Cicatrice.

Et en le suivant dans tous ses progrès, on reconnoît que ce n'est autre chose que la surface même du Bois, en sorte qu'il paroît à M. Du Petit-Thouars que le premier degré de Réparation a été la Transmutation de cette surface en une pièce d'Epiderme continue ; qu'il a été ensuite soulevé, suivant le besoin, par la formation successive du nouveau Bois et de la nouvelle Ecorce. Il paroît encore évident à l'auteur que ces deux nouvelles parties étoient déjà en communication directe avec les anciennes, quoiqu'elle ne fût pas perceptible à nos sens. Il en conclut encore que cette Réparation n'est pas due à l'Extraction extérieure du Cambium, opérée par les Rayons

---

(1) Souvent, effectivement, la tendance à se réparer s'arrête, et ne fait plus aucun progrès ; même, les années suivantes, les Boursouflures restent au même point.

médullaires, comme Duhamel l'avoit pensé; ce qui avoit été répété par tous les physiologistes suivans et l'auteur lui-même.

M. Du Petit-Thouars, poursuivant ses expériences, a découvert encore de nouveaux faits très-importans sur la Réparation de l'Epiderme. Au lieu d'enlever l'Ecorce en entier, il s'est contenté de la découper en lanières de deux ou trois pieds de long, restant attachées à leurs deux extrémités; non content de les détacher du corps ligneux, il les a tenues écartées au milieu, en interposant des morceaux de Branche: par ce moyen, au-dessus et au-dessous tout étoit resté dans l'ordre naturel; mais dans la partie ainsi traitée, le Bois s'est desséché, comme s'il eût été au grand air, et il n'a point tendu vers la Réparation: il n'en a pas été de même sur l'Ecorce, car sur sa surface intérieure ou celle du Liber, il a paru des Boursouflures de même nature que celles du Bois de l'exemple précédent.

Comme dans celui-ci, ces Boursouflures se sont étendues de plus en plus; elles sont devenues continues d'un bout à l'autre de la surface intérieure détachée. M. Du Petit-Thouars s'est assuré, par l'examen de cette nouvelle production, qu'elle étoit composée d'un Epiderme qui, comme dans le cas précédent, n'étoit autre chose que la surface même du Liber, d'une couche parenchymateuse, et d'un Liber formant ensemble une Ecorce séparée par une couche de Cambium, enfin d'un Corps ligneux; mais celui-ci présentoit une particularité, c'est que son centre étoit occupé par une couche de parenchyme qui y étoit enchâssée et qui étoit analogue à la Moelle qui se trouve dans le centre des Branches au-dessus de la séparation. Le Bois entroit dans le corps même de l'arbre; il en étoit de même en dessous, en sorte que, la communication étant rétablie, la Couche annuelle étoit continue du sommet de l'Arbre à la base, mais dans la partie séparée elle sortoit du corps de l'Arbre.

Duhamel avoit déjà reconnu que, suivant les circonstances, l'Ecorce pouvoit former de nouveau Bois et de nouvelle Ecorce, mais il pensoit encore que c'étoit par une Transsudation extérieure.

Au lieu que, suivant M. du Petit-Thouars, la Réparation se fait dans ces deux cas intérieurement, et que le premier travail de la nature c'est de préparer un voile à l'aide duquel elle puisse s'accomplir : c'est donc un nouvel Epiderme ; et comme il est entièrement passif, peu importe la matière dont il est composé ; dès l'instant qu'il opère une séparation entre l'intérieur et l'extérieur, sa fonction est remplie.

M. Du Petit-Thouars tire ces autres conséquences de ces observations :

Que, dès que la communication est interrompue entre le sommet d'un arbre et sa base, la nature tend à la rétablir ;

Que le mouvement réparateur vient du sommet, puisque, si la communication ne se rétablit pas, il se forme dans la partie supérieure une couche annuelle qui augmente le diamètre de l'Arbre : ce qui n'a pas lieu dans le bas ;

Que le but de ce mouvement est de former des Racines, puisque, lorsqu'on met de la terre ou un réservoir d'humidité dans la partie décortiquée, il en résulte que les Racines se manifestent : ce que démontrent les Marcottes ;

Que la Communication se rétablit long-temps avant qu'elle ne soit perceptible au sens de la vue ;

Enfin, que la voie par laquelle se fait la Réparation

est indifférente à la nature, puisque l'on voit ici qu'elle a eu lieu par l'Écorce soulevée.

Depuis la composition de ce Mémoire, M. du Petit-Thouars a reconnu que Théophraste avoit dit positivement que l'épiderme ou la première écorce du Cerisier pouvoit s'enlever en hélice sans nuire à l'arbre, et qu'elle se réparoit en peu de temps. (Téophr., *Hist. Plant.*, *lib. III*, *cap.* 13.

EXTRAIT

D'un Mémoire sur les rapports qui existent entre le nombre et la distribution des nervures dans les feuilles de quelques familles des Dicotylédonées, et les parties de leur fleur ; par M. Du Petit-Thouars ; lu à la Classe des Sciences Physiques et Mathématiques de l'Institut, dans la Séance du 20 Mai 1810.

Ce Mémoire est une suite des *Essai sur la Végétation*, qu'a publiés l'auteur, et dont on a rendu compte dans le tome Ier., pag. 428, et dans le tome II, pag. 69 de ce Bulletin.

Il est destiné à appuyer l'opinion qu'il a émise, et qui se trouve tom. Ier., pag. 435, *que la Fleur étoit une transformation de la Feuille et du Bourgeon qui en dépend ; que la Feuille donnoit naissance aux Calice, Corolle et Etamines ; le Bourgeon, au Fruit et à la Graine.*

Il pense que le rapport qui existe entre le nombre et la distribution des Faisceaux qui forment les Nervures des feuilles, est le moyen le plus propre pour démont-

cette assertion. C'est ainsi que le nombre sept, qui se trouve dans les Feuilles du Marronier d'Inde, se retrouve dans sa Fleur. Le nombre cinq est le plus répandu dans les Fleurs des Plantes dicotylédonées; aussi se retrouve-t-il souvent dans les Feuilles de ces Plantes; mais, en général, le nombre est presque toujours impair : de là vient que le Disque de la Feuille est partagé par la Nervure primaire en deux parties presque égales.

Le nombre 2 et ses puissances, 4, 8, etc., étoit celui qui paroissoit le plus difficile à expliquer, car, excepté le *Ginko biloba*, qui a deux Nervures principales, il paroissoit rare dans les Feuilles; cependant ces nombres sont assez fréquens dans les Fleurs des Plantes; il paroît même constant dans des Familles entières. Il y en a trois surtout de remarquables de ce côté, les *Crucifères*, les *Labiées* et les *Etoilées* ou Rubiacées européennes. Il étoit donc important, pour l'auteur, de s'assurer jusqu'à quel point elles s'accordoient avec son opinion.

Les *Crucifères* présentent, dans leur Fleur, quelque chose de remarquable; elles ont quatre Folioles au Calice et quatre Pétales, mais six Etamines, ce qui forme une anomalie remarquable, parce qu'ordinairement les Etamines sont en rapport numérique avec la Corolle et le Calice.

Il faut donc pénétrer l'intérieur des Feuilles pour voir s'il y existe quelque chose qui ait rapport à ces nombres. Les exemples ne sont pas difficiles à trouver, puisque, suivant M. Du Petit-Thouars, toutes ces plantes se ressemblent dans leurs parties intérieures; mais il s'est arrêté à une Rave ou Raifort. Si l'on entame l'Ecorce vers le point d'où partent les Cotylédons, on mettra facilement le corps ligneux à découvert; et, soit en montant, soit en descendant, on pourra le dépouiller totalement : par ce moyen on met à découvert toutes les fibres ligneuses;

il n'en est pas une dont on ne puisse suivre tout le cours, depuis l'extrémité des Feuilles jusqu'à la naissance de la Racine; alors on voit que dans chaque Feuille il entre trois Faisceaux principaux: mais à peine y sont-ils entrés, que les deux latéraux se bifurquent; en sorte donc qu'il en résulte le nombre cinq. Ici se trouveroit donc, du premier pas, une exception à la règle fondamentale; mais en examinant un peu plus attentivement la Nervure du milieu, on aperçoit facilement qu'elle est plus large que les autres et partagée en deux d'un bout à l'autre. Ainsi, à l'entrée de la Feuille, il y a réellement, suivant M. du Petit-Thouars, quatre Faisceaux et six plus haut; ce qui se trouveroit analogue au nombre que présente la Fleur. Les Cotylédons présentent la même distribution, et on y aperçoit plus facilement la duplication de la Nervure principale.

Cette distribution est plus facile à observer dans une Plante appartenant à une autre Famille, mais voisine de celle-ci: c'est dans le *Papaver rhœas* ou Coquelicot. La Nervure principale est évidemment fendue d'un bout à l'autre; mais, de plus, les deux Faisceaux latéraux sortent de celle-ci un peu au-dessous de leur entrée dans le Pétiole.

Les *Labiées* ont un Calice à cinq divisions, une Corolle irrégulière, et quatre ou deux Étamines : ces Plantes se distinguent par un port remarquable; il consiste dans une Tige carrée, des Feuilles opposées et croisées par paire.

Ces plantes sont aussi communes que les Crucifères, en sorte qu'on en peut facilement trouver des exemples; mais l'auteur s'arrête au *Lamium amplexicaule*. Si, par le même moyen employé dans l'exemple précédent, on met à nu le corps ligneux d'une de ces Plantes, on verra que, comme l'Écorce, il est carré et composé de quatre Faisceaux principaux qui forment les quatre angles ; entre chacun d'eux il se retrouve un Faisceau plus mince ; en sorte que sur la tranche de la Tige on découvre huit points qui se détachent par lacouleur blanche, sur le paren-chyme ou corps médullaire qui est vert. Dès que celui-ci est parvenu à un certain degré d'accroissement, il devient fistuleux ou creux d'un nœud à un autre. En suivant les Faisceaux angulaires, on découvre encore très-facilement qu'ils se distribuent successivement dans les Feuilles épanouies, et qu'ils en forment les Nervures : les deux qui composent une face fournissent chacun un Faisceau qui entre dans le Pétiole ; mais à peine y sont-ils entrés, qu'ils fournissent chacun un Rameau secondaire du côté extérieur ; en sorte qu'il en résulte quatre Faisceaux qui parcourent toute la longueur du Pétiole sans se mêler, de manière qu'à quelque point que l'on coupe ce Pétiole, on y voit quatre points distincts. Au moment d'entrer dans le Disque, il se détache de chacun des deux Faisceaux principaux, du côté intérieur, un Rameau qui, se rappro-chant sans se confondre, forme d'un bout à l'autre la Nervure principale : les deux Faisceaux principaux entrent dans le Disque, se bifurquent encore ; il résulte donc de leur partage cinq Nervures qui s'écartent en digitation et forment l'ensemble de la Feuille ; tandis que les deux autres Faisceaux entrés dans le Disque se replient et ne foment qu'une simple Nervure, souvent à peine visible. On voit donc ici un exemple remarquable de la manière dont quatre ou plutôt deux peuvent former le nombre cinq. La Feuille d'Agripaume est très-remarquable de ce côté. Les Feuilles du *Lamium amplexicaule*, qui accom-pagnent les Fleurs, sont sessiles : on sait que c'est de là qu'il a pris le nom d'Amplexicaule ; elles présentent la même conformation que les autres. Cette distribution de Nervures ne retrouve dans un grand nombre d'autres Labiées ; mais il en est beaucoup d'autres, telles que les Stachys, les Sauges, etc., dans lesquelles les deux Faisceaux latéraux se réunissent tout de suite en un seul. Les Feuilles cotylédonaires du Lamium sont dans le même cas; en sorte que sur leur tranche elles paroissent simples ; mais en les examinant au moment de leur sortie sur la Tige, on voit facilement qu'elles sont doubles d'un bout à l'autre.

M. du Petit-Thouars décrivant fidèlement tout ce qu'il a observé, ne laisse pas de côté un fait qui présente quelque difficulté; voici en quoi il consiste : Il a dit que la Tige étoit composée de huit Faisceaux, dont quatre plus petits intermédiaires; en sorte qu'entre les deux qui fournissent la Nervure d'une feuille, il s'en trouve un de ceux-ci au point où celle-ci se détache : il va d'abord s'attacher par deux bras horizontaux aux deux Faisceaux principaux ; ensuite il fournit un filet qui entre dans la Feuille et parcourt la longueur du Pétiole ; mais parvenu au Disque, il se perd dans l'un des deux côtés du Faisceau, sans avoir l'air de contribuer en rien à la formation des Nervures ; en sorte qu'il y auroit donc réellement cinq Faisceaux dans une Feuille : mais l'auteur pense que ce filet, qui est si mince, que dans quelques espèces on ne le découvre qu'avec peine, est d'une nature différente des autres, et qu'on peut soupçonner qu'il a d'autres fonctions à remplir.

Il se trouveroit donc, dans la distribution première des Nervures, le nombre quatre, correspondant aux Etamines, et celui de cinq dans leur partage dans le Disque.

Les *Rubiacées* forment une Famille répandue sous tous les climats, mais elles prennent dans chacun d'eux une apparence qui leur est particulière; celles de notre pays sont remarquables par une Tige herbacée et carrée, et

6

leurs Feuilles verticillées; leurs Fleurs ont une Corolle divisée en quatre, et quatre Etamines.

Le Grateron, *Valantia aparine*, L. , que M. Du Petit-Thouars choisit pour exemple , est très-commun. Les Verticilles des feuilles sont composées de quatre dans le bas, mais ce nombre s'augmente vers le haut; il y en a six, huit, neuf et quelquefois plus : une chose remarquable, c'est que, quel que soit le nombre des Feuilles, la Tige est toujours carrée, et il n'y a que deux Bourgeons ou rameaux latéraux. Ces plantes se rapprochent des Labiées par la forme de la Tige, mais la disposition des Feuilles y met une grande différence : d'abord à l'extérieur, parce qu'on voit qu'elles partent des angles et non des côtes ; mais lorsqu'on a dépouillé le corps ligneux, on s'aperçoit que celui-ci est cylindrique, en sorte que les angles n'appartiennent qu'à l'Ecorce : ensuite, lorsqu'on parvient à la sortie des Feuilles, on voit que, quel que soit leur nombre, elles ne sortent jamais que des Faisceaux qui partent chacun d'un point correspondant à deux angles opposés. Le Verticille supérieur part des deux autres angles, en sorte qu'ils se croisent. Chacun des deux Faisceaux, en entrant dans l'Ecorce, fournit deux Rameaux latéraux, tandis que le centre va former la Nervure de la feuille qui lui correspond. Chaque Rameau de faisceau courant dans la substance de l'Ecorce, y décrit un quart de cercle (quand il n'y a que quatre Feuilles); là, rencontrant celui qui vient de l'autre Faisceau, il se réunit avec lui pour former la Nervure de la feuille intermédiaire. Quand il y a huit Feuilles, chaque Rameau fournit d'abord, à lui tout seul, la Nervure d'une feuille latérale et la moitié de l'intermédiaire.

Il résulte de là que toutes les Feuilles partent d'un cercle évidé, qui n'est attaché au corps ligneux que par deux portions de diamètre : de là on pourroit regarder le Verticille comme n'étant composé que de deux Feuilles amplexicaules ; de là on voit aussi pourquoi il n'y a que deux Bourgeons.

Cette observation est importante en elle-même. Voici comment M. du Petit-Thouars la fait servir à son objet principal de retrouver le nombre quatre de la Fleur. Il est évident que la Nervure de la feuille intermédiaire est double, puisqu'elle est fournie par deux rameaux ; on n'auroit pu la reconnoître, si on n'avoit assisté pour ainsi dire à sa formation : on peut conjecturer que celle de la Feuille principale est dans le même cas, parce qu'elle est à-peu-près du même diamètre qu'elle. Les Feuilles cotyledonaires viennent à l'appui de cette conjecture, car leur Nervure principale est évidemment double dans toute sa longueur, et part de deux points distincts sur la Tigelle.

Explication des Figures de la Planche.

Fig. 2. Graine de Rave (*Raphanus*) germant. 3. *Id.* Cotylédons développés. 4. Plante entièrement développée ; *a.* Première écorce de la Tigelle, déchirée par la trop forte augmentation de diamètre. (Ici on peut voir , ainsi que dans les exemples suivans , que le centre de la Végétation n'est point entre les Cotylédons, à la naissance de la Plumule, puisque ceux-ci sont soulevés au-dessus du sol, mais vers le milieu de ce qu'on nomme Radicule : on peut y voir aussi que le renflement qui forme la Rave appartient à la Tige plutôt qu'à la Racine.) 5. Portion de Feuille dépouillée d'écore ; *a.* Coupe prise à la base ; *b. Id.* prise dans le milieu. 6. Graine de Lamium germant. 7. Tige développée. 8. Bas de la Tige dépouillé. 9. Cotylédon en place ; *a.* Le même, détaché et grossi ; *b.* Coupe du Pétiole vers le bas et le milieu. 10. Feuilles florales. 11. Disposition de leurs Nervures. 12. Portion de la Tige dépouillée d'écorce. 13. Coupe d'une Feuille dans le milieu. 14. Disposition des Nervures de la Feuille et coupe de la Tige. 15. Coupe de la Feuille à son origine. 16. Calice vu en face, de côté et ouvert. 17. Graine de *Gallium* germant.

18. Plante plus développée. *a.* Coupe de la Tige de grandeur naturelle et grossie. Elle est cylindrique dans le bas (voyez *b*) ; *b.* Coty-
ledon en place, ensuite détaché et grossi. 19. Verticille de quatre
Feuilles; *a.* Coupe de la Feuille primaire; *b.* Coupe d'une Feuille
secondaire. 20. Verticille à huit Feuilles. 21. Le même, développé.

Note sur un Grain de Maïs contenant deux Embryons ; par M. Du Petit-Thouars.

M. Du Petit-Thouars a fait connoître, dans le tome
premier, p. 198 et 252 du Bulletin (1), des Graines qui
contenoient deux Embryons ou plus; il a trouvé, depuis
un nouveau fait de ce genre, qui lui paroît digne d'attention.
C'est un grain de Maïs qui le lui a présenté. Il l'a fait
figurer dans la planche Ire., fig. 22. Il semble, au premier
aperçu, que ce soient deux Graines soudées ensemble;
car celle dont il est question est partagée en deux lobes
ou portions, par un sillon; mais le Style est exactement
conformé à l'ordinaire, tel qu'il est figuré, c'est-à-dire que
les deux Styles sont unis extérieurement en un seul; mais
dans l'intérieur ils se divisent en deux branches; en sorte
que, dans ce cas particulier, chacune d'elles se rend à
la base d'un des Embryons. Cette conformation paroît
très-rare, puisqu'elle n'a pas été remarquée jusqu'à
présent; ce qui doit la faire regarder comme une monstruosité par excès ; mais elle sembleroit être un Type
primordial, puisque par elle seule la duplicité du Style
a un but manifeste d'utilité. Dans la fig. 22, la lettre *a*
représente la Graine vue par devant; *b* vue en dessus; *c*
de côté; *d* par derrière; *e* coupée horizontalement.

---

(1) Comme la figure de ce Grain de Maïs se trouve sur la même
Planche, j'ai inséré cette Notice, quoiqu'elle n'ait pas de raison
directe avec le reste.

EXTRAIT

*D'un Mémoire sur l'Accroissement en diamètre
des Plantes en général, et en particulier,
sur celui de* l'Hélianthus Annuus; *lu dans la
Séance de la Première Classe de l'Institut,
du* 10 *novembre* 1810.

(Tiré du Bulletin de la Société Philomatique, n°. 38, 39 et 40.)

L'augmentation est un des phénomènes les plus communs que nous présentent les corps naturels; c'est cependant un de ceux qui, la cause étant la plus mystérieuse, nous paroissent le plus étonnans. Linné l'a regardé comme le point commun de réunion des trois Règnes de la nature, suivant son célèbre axiôme, *les Minéraux* croissent, *les Végétaux* croissent *et vivent, les Animaux* croissent, *vivent et sentent;* mais avant ce naturaliste, Scaliger avoit fait sentir la différence que présentent les Minéraux. *Lapides augescunt sed, non crescunt,* les pierres s'augmentent, mais ne croissent pas.

Dans les Végétaux, on est frappé d'étonnement quand on compare un Gland avec un Chêne parvenu à toute sa croissance; car on ne peut douter que l'Embryon que renferme cette Graine, avec des siècles, parviendra au même point. Mais les Herbes annuelles sont au moins aussi merveilleuses, car dans l'espace de quelques mois leur Graine, confiée à la terre, forme une Plante plus considérable que ne sera le jeune Chêne au bout de dix ans. Cette croissance si rapide s'opère-t-elle de la même manière dans les Herbes et dans les Arbres? On a paru le penser; car jusqu'à présent on s'est servi de la même explication pour les deux.

Ce n'est qu'en comparant un grand nombre de faits, qu'on pourra déterminer leur degré de conformité. Dans ce Mémoire, l'auteur se borne à examiner la croissance du Tournesol, *Helianthus Annuus*, et à suivre les différens phénomènes qu'il présente; mais auparavant il passe en revue les différens modes d'accroissement qui ont lieu dans les plantes dites PHANÉROGAMES. Par les travaux de Daubenton et de M. Desfontaines, on est assuré maintenant que le tronc des Palmiers une fois formé, ne croît plus en diamètre. Les *Dracœnas* paroissent si voisins par leur port, qu'on seroit tenté de penser qu'ils sont dans le même cas. Effectivement, le *Dracœna umbraculifera*, qui n'a qu'une cîme, comme les Palmiers, ne croît pas en diamètre; mais les espèces rameuses connues sous le nom de *Bois chandelle*, croissent d'une manière très-remarquable: c'est un fait que l'auteur a développé dans son premier Essai, et dont il a fait le fondement de sa doctrine. Le *Dracœna draco*, connu depuis deux cents ans par la description et la figure de Clusius, paroît s'accroître prodigieusement en Diamètre. Aussi se ramifie-t-il d'une manière remarquable; mais ce n'est, à ce qu'il paroît, que lorsqu'il est parvenu à une certaine élévation, que cela lui arrive. Il y a donc des Monocotylédones qui croissent en diamètre, mais cela ne leur arrive que quand ils deviennent rameux, soit naturellement, soit accidentellement. Ainsi les *Yuccas* parviennent à une très-grande élévation, sans grossir; mais quelque accident les prive-t-il de leur tête, il sort des ais elles des vestiges des Feuilles supérieures, plusieurs Bour-

geons; alors ils augmentent en diamètre (1). La proposition
inverse n'a pas toujours lieu; c'est-à-dire que toute
Plante monocotylédone rameuse n'augmente pas en diamètre. Les *Pandanus*, ou Vaquois, en sont la preuve; ils
parviennent à une grande élévation en se ramifiant beaucoup, sans que pour cela leur premier Tronc ou Tige
augmente.

Les Asperges, au genre desquelles Linné avoit réuni
d'abord les *Dracœnas*, sont à-peu-près dans le même cas;
car, quoique très-rameuses et acquérant quelquefois une
taille gigantesque, elles ne croissent pas en diamètre.
Cette assertion paroît contrarier l'expérience journalière,
car on sait que, lorsque la Plante sort de sa Graine,
elle n'a pas une demi-ligne de diamètre, et qu'au bout
de trois ou quatre ans elle donne des Turions ou Asperges de six à neuf lignes de diamètre. Ici il faut remarquer que la vraie tige est souterraine, qu'elle s'avance
horizontalement en donnant dans les aisselles des écailles
qui se trouvent à sa base, des Bourgeons qui vont en augmentant chaque année, jusqu'à ce qu'ils soient parvenus
à un certain *maximum*.

Les *Convallaria*, les *Ruscus* et les *Smilax*, sont à-peu-
près semblables; ils ont tous une Tige souterraine, qui
produit chaque année des Turions qui n'augmentent plus
sensiblement dès qu'ils sont sortis de terre.

Les Graminées diffèrent des autres monocotylédones,
parce qu'elles ont à l'aisselle de leurs feuilles un Bourgeon
manifeste qui pousse en rameau presque toujours dans les

---

(1) Suivant M. de Humboldt, dans le Mexique, patrie des *Yuccas*,
leur tronc parvient à une grosseur prodigieuse; aussi sont-ils ramifiés
alors.

pays chauds, plus rarement dans les climats tempérés, mais qui s'oblitère dans les autres ; elles n'augmentent pas malgré cela en diamètre, mais elles ont une organisation particulière. Les Commelines se rapprochent des Graminées par la présence d'un Bourgeon manifeste, d'où il résulte des Tiges rameuses, mais qui n'augmentent pas sensiblement.

Le Bananier semble avoir beaucoup de rapports avec les Palmiers, par sa tige simple ; mais cette Tige n'est autre chose que les Gaînes des Feuilles. Si on les enlève avec précaution, on aperçoit au bas, presque au niveau du sol, la véritable Tige, qui doit se terminer par la fructification. On peut l'apercevoir ainsi dix-huit mois avant qu'elle se développe. Le *Ravenala*, qui a tant de rapports avec cette Plante, apprend que la Famille dont ils font partie, comme les Palmiers, a des Régimes de fleurs à l'aisselle de chaque Feuille ; mais dans cet Arbre ils peuvent tous se développer, au lieu que dans le Bananier, lorsque cela arrive à l'un deux, il fait périr tous les autres, ainsi que le Bourgeon central. On voit par là pourquoi les Bananiers, qui ne fleurissent pas, peuvent vivre une longue suite d'années : tels sont ceux qu'on conserve dans les serres.

Voilà donc les différens modes de développemens des Plantes monocotylédones ; on voit qu'ils sont très-variés. Il n'en est pas de même dans les dicotylédones ; on peut les réduire à deux, les Plantes *ligneuses* et les *herbacées*. Dans les ligneuses, il n'y a pas de variation sensible. Celles de nos climats sont toutes rameuses ; quelque-unes, entre les tropiques, conservent une tige simple, tel est le Papayer, aussi n'augmente-t-il pas sensiblement en diamètre ; mais il est très-rare qu'il conserve long-temps cette simplicité, et alors il prend autant d'accroissement *en dia-mètre* que les autres Arbres.

Dans les Plantes herbacées, les unes ont une Tige sou-terraine, qui donne tous les ans de nouveaux Bourgeons ; de chacun d'eux sort une Tige, qui périt lorsqu'elle a donné sa fructification. Les autres forment une Rosette, qui reste quelquefois une année sans s'élever, et qui fleurit et périt l'année suivante. D'autres enfin s'élancent tout de suite, et forment une Tige qui fleurit tout de suite.

Dans cette grande foule, l'auteur choisit l'*Hélianthus* comme plus facile à observer, à cause de sa taille, pour le soumettre à un examen pareil à celui dont il s'est servi pour développer la Végétation des Arbres.

L'Embryon est composé d'une Radicule conique droite et de deux Cotylédons. La Graine de cette plante occupe à-peu-près le terme moyen d'une échelle qui représenteroit toutes les espèces de Graines considérées par rapport à leur volume ; en sorte que toutes ses parties peuvent se voir facilement : on y découvre la Radicule et les Cotylédons beaucoup plus considérables que celle-ci. Le tout est blanc.

Si cette Graine est à la surface du terrain avec des cir-constances favorables de chaleur et d'humidité, elle ne tarde pas à germer, c'est-à-dire, que d'un côté la pointe de la Radicule descend en terre, et les deux Cotylédons se trouvent soulevés ; ils prennent une couleur verte et l'ap-parence de deux Feuilles. Au bout de quelques jours, elles ont pris toute l'extension qu'elles doivent avoir, ainsi que la partie de la Tige qui les sépare de la terre. Quant à la longueur, il est évident d'abord par cela, que la petite Plante qui a résulté de ce développement, est l'effet de deux Mouvemens, l'un *descendant*, d'où a résulté la racine ; l'autre *montant*, d'où provient la petite Tige, et que le Centre de Végétation, d'où sont venus ces deux

Mouvemens, n'est pas situé entre les deux Cotylédons, comme on paroît le croire, mais qu'il existe dans la Radicule, et qu'il la partage en deux, quoiqu'on ne puisse, dans le principe, y apercevoir de différence organique.

Si on coupe en travers cette petite Tige, quoiqu'elle ait à peine une demi-ligne de diamètre, on reconnoît qu'elle est composée de deux parties distinguées par un cercle concentrique sur lequel on remarque six points blancs également espacés. La partie intérieure est verte et succulente, et a à peine la moitié du diamètre total : on reconnoît facilement que c'est du Parenchyme, et par le moyen d'une simple loupe on voit qu'il est déjà composé d'Utricules ; mais ils sont arrondis sans être contigus, et ils sont tous à-peu-près du même diamètre ; on peut l'évaluer au dixième du diamètre total. Le cercle extérieur forme l'Écorce ; on peut facilement l'enlever, sur-tout si l'on commence au point intermédiaire entre la Racine et la Tige. Par ce moyen on découvre que les six points blancs sont la coupe d'autant de Faisceaux distincts qui se réunissent en bas pour former le Ligneux de la Racine, et que vers le haut ils entrent dans les Feuilles-cotylédonaires, trois dans chacune, où ils se perdent. En fendant en long cette petite Tige, on voit que le corps parenchymateux s'arrête à la naissance de la racine ; entre les deux Feuilles cotylédonaires se trouve la Plumule, composée de plusieurs feuilles emboîtées les unes dans les autres ; les deux premières se développent assez rapidement. En même temps qu'elles s'augmentent en tous sens, elles se séparent des Cotylédons par un espace cylindrique qui forme une nouvelle portion de la Tige ; elle se distingue de l'inférieure, parce qu'elle est couverte de poils très-rapprochés, en sorte qu'elle est velue, ainsi que les nouvelles Feuilles ; l'autre, au contraire, est glabre et lisse. En peu de jours l'élongation de cette Tige est parvenue à un point qu'elle ne dépasse plus. Alors les Feuilles ont aussi pris tout l'accroissement dont elles sont susceptibles; mais la partie inférieure de la Tige n'en a plus pris en élévation; elle en a seulement acquis en diamètre, ce qui est attesté par la base des Cotylédons, qui se sont déchirés pour s'y prêter.

La Tige se trouve donc alors partagée en deux portions par les Feuilles cotylédonaires. Si l'on tranche horizontalement ces deux parties vers leur milieu, ces deux coupes donneront le moyen de pénétrer leur intérieur. La première présente un cercle d'un diamètre double de celui qu'elle avoit; le cercle intérieur renfermant le Parenchyme, est devenu aussi d'une double dimension, mais il a toujours le même aspect verdâtre, étant composé d'Utricules arrondis et non contigus; mais comme ils ont le même diamètre que dans leur origine, et qu'ils occupent un espace quadruple; ils sont de même en nombre quatre fois plus considérable. Le Parenchyme est séparé de la partie extérieure ou corticale par quatre points blancs isolés, plus considérables que les six qui s'y distinguoient à la première époque. On retrouve ceux-ci en-dessous.

La portion supérieure de la tige présente dans sa coupe horizontale à-peu-près le même aspect, excepté que les points blanchâtres sont beaucoup plus petits et plus nombreux. En enlevant l'écorce, on découvre que les quatre points de la base sont quatre Faisceaux généraux qui se subdivisent au-dessus des Cotylédons en un plus grand nombre, et que, si l'on en prend un au hasard, on voit qu'il va gagner une Feuille dont il forme une des nervures, et qu'il n'y en a pas un qu'on ne puisse suivre ainsi jus-

qu'à son entrée dans une Feuille ; et de même, en redescendant, on peut les voir se perdre dans la racine. A mesure
que la Tige se déploie, on peut faire des observations
semblables, et se rendre raison des accroissemens succes-
sifs, mais il faut se transporter tout de suite à l'époque
de la floraison. Les feuilles, en approchant du sommet,
deviennent alternes, d'opposées qu'elles étoient dans le bas
de la Tige. Dans toutes, l'espace qui les sépare les unes
des autres, étant parvenu à un certain point, n'augmente
plus sensiblement.

Les plantes parvenues à leur dernier terme, celui de
la floraison, présenteront à l'extérieur une circonstance
remarquable, c'est que le diamètre de leur Tige est
sensiblement augmenté ; mais il n'est pas le même dans
tous les individus, quoique provenant de Graine identique,
car, suivant le sol, l'exposition et d'autres circonstances,
on leur trouvera toutes les dimensions depuis six lignes
jusqu'à deux pouces de diamètre. Il n'y a pas moins de
variation dans l'élévation ; mais ce qui est remarquable,
c'est que souvent l'écartement des Feuilles inférieures et
des Cotylédons est beaucoup plus considérable dans les
plantes maigres que dans les vigoureuses ; en sorte que
les premières fleurissent après le développement d'un
petit nombre de Feuilles.

Si l'on choisit donc, comme terme moyen, une
Plante ayant une tige d'un pouce de diamètre, voici ce
qu'elle présentera : d'abord à l'extérieur, elle est cylindrique à la base ; mais à mesure que l'on monte, elle
devient de plus en plus anguleuse ; les poils qui couvrent
toutes les parties se trouvent écartés les uns des autres,
au lieu qu'ils étoient presque contigus lors du premier
développement. (Ils pourront servir par la suite à indiquer
la manière dont se fait l'accroissement partiel.) Les

Feuilles cotylédonaires existent quelquefois, quoique
desséchées; mais dans tous les cas on aperçoit par un
vestige leur place; quelquefois au-dessous il s'est développé des Racines extérieures.

Pour pénétrer l'intérieur, il faut encore se servir de
coupes pratiquées à différentes hauteurs; si on s'arrête
à celle qui sera faite entre les Feuilles cotylédonaires et
les premières Feuilles, elle présentera un cercle d'un
pouce de diamètre, qui sera par conséquent douze fois plus
considérable que dans son origine; en sorte que, si toutes
les parties croissent dans la même proportion, on auroit
le même spectacle que si l'on regardoit une tranche de
la petite Plante par le moyen d'une loupe de huit à neuf
lignes de foyer. Mais il se trouve une grande différence;
d'abord le Parenchyme a pris une dimension proportionnelle plus considérable que le reste, car il occupe à lui
seul les trois quarts ou neuf lignes; le cercle du Corps
ligneux occupe la majeure partie du reste, en sorte que
l'Ecorce se trouve très-réduite, ou du moins n'a pas sensiblement augmenté. Le Parenchyme est passé à l'état
de Moëlle, c'est-à-dire qu'il est devenu blanc et sec, se
trouvant composé d'Utricules entièrement développés, et
par conséquent ils sont alors tous contigus, en prenant
la forme polyédrique; mais leur diamètre n'a pas sensiblement augmenté, en sorte que leur nombre s'est beaucoup
accru, c'est-à-dire dans le rapport du carré des deux.
Ainsi, en le supposant 1 dans le premier cas, et 18 dans
le second, il seroit comme 1 est à 324. Le cercle ligneux
est continu, mais il est traversé par des rayons médullaires;
du côté de l'intérieur, il est denticulé et non terminé circu-
lairement; l'écorce est très-mince, comme on l'a dit;
cependant on y remarque des points blancs également
espacés.

Les autres coupes pratiquées à différentes élévations présentent la même disposition, excepté que leurs proportions diminuent à mesure qu'on approche du sommet.

A la partie qui avoisine le terrain, on peut encore enlever l'Écorce, et mettre à nu le corps ligueux; mais à mesure qu'on monte, elle devient plus adhérente. Cependant, en râclant, on peut facilement l'enlever, même avec l'ongle; elle cède avec facilité, parce qu'elle est composée généralement d'un Parenchyme très-tendre; mais avant de pénétrer jusqu'au bois, on rencontre des Filamens blancs annoncés sur la coupe par les points blancs, et à l'extérieur par un sillon. Comme ils sont solides, on peut facilement les mettre à nu dans toute leur longueur. Ils ne tiennent en rien au bois, car le véritable *Liber* se trouve interposé et les en sépare. En suivant chacun d'eux en montant, on voit qu'il va se terminer au Pétiole d'une Feuille, précisément sous l'arête qui forme sa Nervure; en sorte qu'il y en a trois sous chacune, et qu'elles correspondent aux Faisceaux qui composent ces Nervures. On aperçoit bien qu'ils entrent dans cette Feuille, mais en changeant de nature; car ils deviennent *parenchymateux*, de *ligneux* qu'ils étoient; en sorte qu'on ne peut plus les séparer. En redescendant, on s'aperçoit encore de leur continuité, mais elles s'évanouissent avant de parvenir à la Racine.

C'est un ordre particulier de Fibres, qui ne paroît pas avoir encore été observé; elles semblent au premier aspect contrarier les principes de l'auteur, car il a dit dans ses précédens Mémoires qu'il n'y avoit pas une Fibre dans les Végétaux qui ne fût continue depuis l'extrémité d'une Feuille jusqu'à celle d'une Racine, et celles-ci disparoissent avant d'y être parvenues; mais ici c'est un cas particulier qui n'a pas encore été approfondi.

Cela n'empêche pas qu'on ne retrouve les Fibres ligneuses et corticales absolument semblables à celles des Arbres, c'est-à-dire continues depuis le sommet des Feuilles jusqu'à celles des Racines. On peut s'en convaincre facilement lorsque le bois est à nu, car on voit qu'il est formé de Fibres continues qui, se touchant de distance en distance, laissent des fentes qui forment des Rayons médullaires. Si on les enlève avec précaution, on retrouvera à la surface de la Moëlle les faisceaux primordiaux composés de Trachées-spirales qui se rendoient dans les Feuilles et qui composoient leurs principales Nervures ; en sorte que dans le bas de la Plante ils émergent de la substance du Bois, et que vers le sommet ils sont extérieurs.

Il suit de là que la croissance de *l'Hélianthus* est conforme en général à celle des Arbres, mais qu'elle en diffère par un point essentiel ; c'est la dilatation qu'éprouve sa Moëlle (on ne parle pas encore des fibres corticales, puisque leur origine, leur formation et leur destination restent encore à découvrir), puisqu'elle reste dans le Tronc de l'Arbre sans augmentation ni diminution, telle qu'elle a été formée la première année de son existence.

C'est un fait que l'auteur ne connoissoit pas lorsqu'il a posé les bases de sa théorie. Il lui importait donc de voir jusqu'à quel point il s'accordoit avec elle. Il a avancé, dans un de ses *Essais*, qu'il croyoit que le Parenchyme étoit composé, dans son origine, de Grains détachés, et que chacun d'eux, par l'effet de la Végétation, se dilatoit, et formoit, par la compression de ses voisins, un Utricule de forme polyédrique. Dans les Arbres ils se développeroient simultanément, au lieu que dans l'*Hélianthus* ils ne le feroient que successivement et de manière à remplir toujours l'espace qui leur seroit donné par l'élongation et la dilatation de la tige. Ainsi, bien loin de contrarier ses principes, il les confirme. Suivant lui, on pourroit penser que la dilatation de la tige viendroit de ce que toutes les Molécules parenchymateuses sont destinées à se gonfler; et lorsqu'une fois l'espace qui leur est accordé en élévation sera déterminé, celles qui restent doivent presser latéralement les parois, jusqu'à ce qu'elles aient gagné l'espace nécessaire pour se loger. Mais il est un grand nombre de Plantes annuelles qui présentent un fait qui anéantit cette explication. Ce sont celles qui ont des Tiges fistuleuses. Ces Tiges commencent par être pleines; ce n'est qu'en grandissant que le centre se vide. Pour que cet effet ait lieu, il faut que tous les Utricules se soient développés long-temps avant que la dilatation ait cessé.

On voit par là qu'il est encore nécessaire de puiser dans l'examen d'autres plantes annuelles, d'autres circonstances, pour pouvoir déterminer la cause de cette dilatation, et établir, s'il est possible, la différence qui existe entre les herbes et les arbres, C'est ce que l'auteur se propose de faire.

OBSERVATIONS

*Sur trois Mémoires de Physiologie Végétale,
lus dans les séances particulières de la Première Classe de l'Institut, par M. **Palisot
de Beauvois**, Membre de cette Société.*

M. Palisot de Beauvois s'est fait connoître depuis long-
temps par des recherches sur l'Anatomie Végétale, car
en 1785 il présenta à l'Académie des Sciences un Mémoire dans lequel, parmi plusieurs découvertes importantes, il annonçoit que dans l'Ecorce il ne se trouvoit
pas de Trachées spirales : c'étoit un paradoxe qui dut
trouver presque autant de contradicteurs que de Botanistes ;
car on sembloit d'accord à cette époque pour croire que
ces singulières parties se trouvoient répandues dans tout
le corps du Végétal ; mais la vérité de ce fait a forcé de
la reconnoître, et elle a fini par être mise dans tout son
jour par M. de Mirbel, qui a démontré qu'elles ne se
trouvoient que dans la partie la plus intérieure, celle qui
enveloppe immédiatement la moelle, et qu'elles formoient la partie qu'il a nommée Etui tubulaire (1). Depuis

---

(1) Lorsque j'écrivois ceci, je croyois que M. de Mirbel étoit le
premier qui eût annoncé ce fait ; mais depuis j'ai vu que Duhamel avoit dit positivement qu'il n'y avoit pas de Trachées spirales
dans l'écorce, et que, quoique Leuwenhoeck eût assuré qu'il en eût
vu dans le bois, il n'avoit jamais pu en découvrir de traces, et qu'il
croyoit qu'elles n'existoient que dans les jeunes branches herbacées,
c'est-à-dire dans ce qu'on nomme maintenant *Etui tubulaire.*
(Voy. *Physique des Arbres*, tom. I, pag. 42.)

ce temps, M. de Beauvois, transporté par les circonstances sous différens climats, a continué d'observer la
Nature dans le Règne Végétal, en sorte qu'il a dû rassembler un grand nombre de faits importans; mais jusqu'à
présent, se bornant à publier les plantes qu'il a recueillies
dans ses voyages, et à présenter le plan de travaux
importans sur plusieurs grandes séries du Règne Végétal, il s'est contenté d'indiquer quelques aperçus généraux
sur la Végétation.

Du moment où j'ai eu jeté les premières bases de ma
Théorie Végétale, j'ai désiré connoître l'opinion de M. de
Beauvois; mais jusqu'à présent toutes mes tentatives ont
été vaines. Sur quelques objections qu'il me présentoit,
je jugeois bien qu'il n'étoit pas de mon avis; mais dès que
je voulois répondre et entrer en discussion avec lui, il
se retiroit et se concentroit mystérieusement; seulement
j'entrevoyois qu'il préparoit un travail général à ce sujet.

Cependant il m'annonça, ainsi qu'à tous ceux qu'il
savoit s'intéresser à la Physiologie, qu'il venoit de tenter
une expérience très-importante, et il me la décrivit;
d'abord je lui dis que je croyois qu'elle avoit été faite, et
ensuite que je ne croyois pas qu'il dût en résulter beaucoup de lumières. L'année dernière, ayant eu le plaisir
d'aller chez lui à sa campagne du Plessis-Piquet, je vis
la suite de ses travaux. Enfin, quoiqu'il ne jugeât pas
encore cette expérience complète, il a cru devoir en
faire le sujet d'un mémoire qu'il a lu à l'Institut, le
5 août 1811, pour prendre date, et il a été imprimé dans
le *Journal de Physique*, sous ce titre : *Notice sur une nouvelle expérience relative à l'Ecorce des Arbres.* J'en
écoutai d'abord la lecture avec toute l'attention dont j'étois
capable. Je le lus ensuite dans le *Journal de Physique*,
et dans l'exemplaire que me donna l'auteur : j'espérois y

voir enfin quelqu'aperçu sur sa manière d'expliquer la Végétation ; mais j'ai été déçu sur ce point, car il commence seulement par déclarer qu'il croyoit cette expérience contraire aux théories qu'on a proposées jusqu'à présent pour expliquer le mouvement de la Sève, et il expose brièvement et sommairement celle qu'il regarde comme la plus généralement adoptée ; puis il ajoute qu'il ne veut tirer aucune conséquence pour le présent, de l'expérience qu'il va exposer. « Mais un jour, peut-être, » étant réunie à plusieurs autres déjà commencées, ou » qui seront entreprises successivement, elle pourra con- » tribuer à éclaircir ce point important de la Physiologie » Végétale.

» Voulant m'assurer si l'Ecorce des Arbres s'alimente » uniquement par le retour de la Sève, ou par une Sève » descendante des Feuilles aux Racines, j'ai imaginé un » moyen qui, je crois, n'a été tenté par aucun Physi- » cien. » Enfin il finit, pour conclusion, par une observation qu'il soumet aux Physiologistes ; et là, sous la forme modeste de discussions, il tend effectivement à renverser tout l'édifice précédent.

C'est donc, au fond, un défi en règle que M. de Beauvois a proposé à tous ceux qui ont écrit sur la Physiologie Végétale. Comme je suis du nombre, je n'ai pas cru pouvoir me dispenser d'accepter ce cartel. Je dois donc examiner cette expérience, voir ses effets, et ensuite juger si elle ne peut s'expliquer par les principes que j'ai déduits de mes observations ; mais on sait que les jugemens qu'on porte après l'événement, ne sont jamais bien décisifs, parce qu'on tâche de plier les circonstances à sa manière de voir. Il me semble qu'il y avoit une marche plus décisive ; et voici en quoi elle consiste : Reportons-nous au premier moment où M. de Beauvois m'annonça son expérience ;

je suppose qu'alors il m'eût adressé directement ce qu'il a dit dans son Mémoire pour expliquer son expérience.

« Dans les premiers jours du mois d'août 1810, nous
» avons isolé, comme on le voit dans les figures de la
» planche jointe à ce Mémoire, des morceaux d'Ecorce
» de différentes grandeurs, de manière à ne laisser
» aucune communication avec le reste de l'Ecorce qui
» entoure l'Arbre et ses Branches. Pour que l'isole-
» ment fût complet, et qu'il ne restât aucune partie de
» Liber ou de Cambium, nous avons soigneusement
» gratté le Bois et essuyé avec un linge toutes les parties
» de la place. »

Il devoit ajouter, qu'en doit-il résulter suivant vous ?

Je n'aurois pas trouvé ces données suffisantes pour émettre une opinion; je lui en aurois demandé d'autres. D'abord les Arbres étoient-ils jeunes ou vieux, c'est-à-dire l'Ecorce étoit-elle encore lisse, ou bien étoit-elle gercée ?

Je suppose qu'il m'eût répondu qu'il y avoit des deux.

Alors j'aurois dit que, dans les jeunes Arbres, la Couche parenchymateuse verte, étant entière et en pleine vigueur, je pensois que cette couche, en qui résidoit la force végétative, continueroit à vivre, parce qu'étant composée, dans le principe, de grains détachés, elle pouvoit encore être séparée du reste sans inconvénient; que, quant aux vieilles Ecorces ridées, comme il ne se trouvoit qu'une petite portion de parenchyme en état de vé-gétation, il pourroit se faire qu'elle ne survécût pas à cette opération; cependant, que l'une et l'autre pouvoient puiser dans le corps de l'arbre l'aliment qui étoit néces-saire à leur conservation, par les Rayons médullaires; enfin, que des deux côtés de l'Ecorce générale il se manifesteroit des Bourrelets.

J'aurois ensuite demandé s'il y avoit sur le morceau isolé, des Bourgeons en état de végétation, ou s'il n'y en avoit pas ?

Je suppose qu'il m'eût encore répondu qu'il y en avoit aux uns et pas aux autres, j'aurois répliqué que, dans ce cas, je ne doutois pas que ces Bourgeons, au printemps suivant, ne fissent leur évolution comme tous les autres, et ne produisissent un Scion ou jeune Branche ; car ils sont absolument dans le même cas que tous les Bourgeons qui se trouvent sur un Arbre ou une Branche, à la base desquels on a enlevé un anneau complet d'Ecorce ou pratiqué la circoncision ; or l'on sait que dans presque toutes, et même lorsque la décortication a été complète, comme le dit lui-même M. de Beauvois dans ce Mémoire, ils continuent à végéter, au moins pendant un certain temps.

Ces Bourgeons puiseront, par le moyen de leurs propres fibres, dans le corps de l'Arbre, toute la substance nécessaire à leur élongation ; ensuite, la partie parenchymateuse, agissant par le moyens des rayons médullaires sur l'intérieur, déterminera une couche de *Cambium*. Les nouveaux Bourgeons partant du Scion, en profiteront pour déterminer des Fibres ligneuses qui se prolongeront jusqu'au bas de l'*isolement*, et un renflement extérieur ou un Bourrelet à la base sera le témoin irrécusable de leur existence.

J'aurois encore demandé si, sur les morceaux où il n'y avoit pas de Bourgeons, il ne se trouvoit pas des vestiges d'anciennes feuilles ou de cicatrices de branches retranchées, ou s'il n'y en avoit pas. Si on m'eût répondu encore qu'il s'en trouvoit des deux, j'aurois déclaré que je n'aurois pas été étonné de voir, sur ceux qui ont des vestiges, sortir de nouveaux Bourgeons du genre de ceux que j'ai nommés *Supplémentaires*.

Quant aux autres, si c'étoient des arbres qui fussent susceptibles de pousser des Bourgeons adventifs, tel est surtout le Maronnier d'Inde, je ne serois pas surpris d'en voir paroître au bas de la plaie du bourrelet inférieur, sur les côtés et sur le bord supérieur de l'isolement (1); mais que je ne pensois pas qu'il en parût jamais sur l'isolement même.

L'événement a justifié ces conjectures; mais comme M. de Beauvois n'a pas tenu compte des circonstances que j'aurois voulu savoir, je ne saurois dire jusqu'à quel point il y a conformité entre les conjectures et l'événement; mais on voit, par l'étonnement où il est d'avoir vu un Erable et un Lilas pousser des Scions, qu'il n'avoit pas fait attention, lors de son expérience, s'il y avoit des Bourgeons ou s'il n'y en avoit pas.

Il est donc évident, 1°. que ces expériences ne contrarient en rien les bases sur lesquelles j'ai fondé ma théorie de la végétation;

2°. Que n'étant que de légères modifications de la Décortication et de la Circonsision, elles n'apprennent rien de plus que ce que l'on savoit déjà sur ce sujet.

A présent, une autre question se présente : Sont-elles neuves réellement? Dans le premier instant où M. de Bauvois m'en parla, je lui dis que je croyois que Duhamel les avoit pratiquées; mais je me suis trompé, car il s'est seulement contenté d'isoler l'Ecorce sur trois côtés.

Mais il en a cité une autre qu'il a, comme il le dit, em-

____

(1) C'est ce qui est arrivé sur un jeune Maronnier d'Inde ou *Hypocastane*, à qui j'ai fait cette opération; j'avois choisi cette espèce, parce que c'est celle où les Bourgeons adventifs se manifestent plus souvent; et comme je l'avois prévu, il en a paru au Bourrelet infé-rieur.

prunté de Hales, avec la figure qui la représente, qui, dans le fond, est la même que celle de M. de Beauvois; mais elle me paroît d'une bien plus grande importance. Voici, suivant les expressions mêmes de Hales, en quoi elle consiste:

« Je choisis deux pousses vigoureuses, *a* et *b*, (*Voyez*
» Hales, *Statiq.*, p. 126, pl. XIII, et Duhamel, *Phys.*
» tom. II, p. 105, pl. XIV, f. 132 et 133) d'un poirier
» nain, à la distance de $\frac{3}{4}$ de pouce; je leur enlevai l'Ecorce
» d'un $\frac{1}{2}$ pouce de largeur tout autour, en plusieurs en-
» droits : chaque anneau d'Ecorce qui restoit, avoit un
» bouton à feuille qui en produisit l'été suivant; le seul
» anneau 13 étoit sans boutons, les couches 9 et 11 de *a*
» crûrent et se gonflèrent à leurs extrémités inférieures
» jusqu'au mois d'août; la seule couche 13 n'augmenta
» point du tout, et au mois d'août toute la pousse *a* se fana
» et mourut; mais la pousse *l* vécut et se porta fort bien.
» Toutes ses couches se gonflèrent beaucoup à leurs ex-
» trémités inférieures, ce que l'on doit attribuer à quel-
» qu'autre cause qu'à la sève arrêtée dans son retour en
» bas, puisque ce retour dans la pousse *l* est intercepté
» trois différentes fois par l'enlèvement de l'écorce en
» 2, 4, 6 : plus le bouton à feuille étoit gros et vigou-
» reux, plus il produisoit de feuilles, et plus l'écorce ad-
» jacente se gonfloit à son extrémité inférieure. »

On retrouve donc dans cette expérience des morceaux d'écorce isolés du haut et du bas, ils sont donc absolument dans le cas des isolemens de M. de Beauvois; et certainement en voyant les résultats observés par deux hommes tels que Hales et Duhamel, on ne pouvoit douter que ces nouvelles pièces n'eussent continué à végéter; on ne pouvoit douter, non plus, que les Bourgeons, s'il s'en trouvoit, n'eussent également fait leur évolution. Mais ici Hales nous fait part d'une circonstance bien majeure, c'est le renflement inférieur, qui n'a eu lieu que sur les anneaux qui avoient des Bourgeons et qui se sont trouvés plus ou moins considérables, en raison de la force des Scions ou jeunes Branches provenues des Bourgeons. Il n'y a pas de doute qu'ils n'aient eu lieu dans les expériences de M. de Beauvois, quoiqu'il n'en ait pas fait mention. On voit que Hales ne s'y attendoit pas, et que cela même contrarioit ses principes, et il a la bonne foi d'en convenir. Il n'en est pas de même de Duhamel ; il cherche à en donner une explication, et il appelle à son secours d'autres expériences analogues : mais c'est en vain qu'il se tourmente pour y parvenir ; car je pense qu'il n'y a que ma manière d'envisager l'ensemble de la Végétation qui puisse l'expliquer.

Se trouve-t-il un Bourgeon, il se développe, c'est-à-dire qu'un certain nombre des Feuilles qu'il contient prennent un accroissement déterminé, et se séparent les unes des autres d'un espace déterminé, cela par l'élongation des Fibres qui les composent primordialement.

A peine la Feuille s'est-elle manifestée au grand air, que dans son aisselle il se manifeste un nouveau Bourgeon : celui-ci tend tout de suite à se mettre en communication avec les Racines, c'est en déterminant de nouvelles Fibres corticales et ligneuses ; mais parvenues au bas de l'isolement, elles sont obligées de s'arrêter, ne trouvant plus de *Cambium* qui leur fournisse leur substance alimentaire, et sur-tout point d'abri.

Voilà donc l'explication que me fournissent les bases que j'ai fondées ; et cette expérience, faite depuis plus de quatre-vingts ans, est donc une preuve manifeste de la vérité de ma théorie.

Le second Mémoire de M. Palisot de Beauvois, lu dans la séance du 20 avril 1812, avoit pour sujet deux points assez distincts ; car le premier étoit *sur la figure poly- gonique que présente la coupe horizontale de la Moelle, et sur la dépendance qu'a cette figure avec la disposition des Feuilles* ; tandis que le second étoit *sur la conversion des Couches corticales en Bois.*

Avant de venir à l'exposition de ces deux objets impor- tans, l'auteur a commencé par présenter des considérations générales sur la différence qui existoit dans les travaux des Naturalistes ; car, suivant lui, les uns se contentoient d'exposer des Faits , tandis que les autres cherchoient à établir des Théories auxquelles ils vouloient rattacher les faits. En donnant la préférence aux premiers, M. Palisot a semblé par là annoncer qu'il alloit se borner à présenter quelques faits qui lui paroissoient dignes d'attention ; ce- pendant , il n'y est parvenu qu'après avoir disserté sur la Moelle et sur son utilité dans la Végétation. Et comme il n'a présenté aucun fait à l'appui de ses raisonnemens , il est certain qu'il n'a traité ce sujet que théoriquement ; et il a annoncé qu'il avoit adopté l'opinion qui plaçoit la vita- lité des plantes dans la Moelle : c'est celle d'un grand nombre de Naturalistes, de Césalpin et de Linné , entre autres ; mais il n'a point pris en considération les objec- tions qui ont été faites contre ce système, sur-tout celles de Gærner, qui paroissent cependant très-majeures. Il a ce- pendant été arrêté quelque temps par un fait connu de tout temps : c'est que des Arbres , privés de Moelle par la carie, continuoient cependant à végéter : tels sont les Têtards de saule. Il a répondu à cela, qu'ils pouvoient bien sub- sister quelque temps , mais que c'étoit un état de maladie, qui ne tardoit pas à les faire périr. Je me contenterai de citer un seul exemple bien connu , pour prouver que ce peu de temps que leur accorde M. de Beauvois, s'étend assez loin ; c'est celui du fameux Châtaignier du mont Etna, dont tous les voyageurs qui ont visité ce volcan, ont parlé sous le nom de *Cento cavalli.* Eh bien ! il y a à-peu-près un siècle et demi que Kircher a imprimé qu'il étoit tellement creux, qu'un berger et son troupeau pouvoient se retirer dans son tronc en temps d'orage, et il paroît qu'il existe encore. De plus, on doute maintenant que les charpentes des anciens édifices soient faites de bois de Châtaignier, comme on le croyoit assez généralement il n'y a pas très-long-temps, parce que tous les plus gros Châtaigniers, par conséquent les plus anciens, étoient creux intérieurement. Ici je me trouve donc d'une opinion absolument contraire à celle de M. de Beauvois, car je crois avoir prouvé, par des faits, que la Moelle n'étoit essentielle à la Végétation que dans les premiers instans de sa formation, ce qui s'étendoit au plus à six semaines, c'est-à-dire, le temps qu'il lui falloit pour qu'elle passât de l'état de Parenchyme vert à celui de Moelle. J'ai assigné, je crois, le premier, la cause de ce changement, en disant que c'étoit parce que le Bourgeon, y puisant sa première nourriture, lui enlevoit les sucs qu'elle contenoit ; de là je me suis cru autorisé à comparer ce corps aux Cotylédons de la plantule renfermée dans la Graine.

Cependant l'auteur ne pouvant méconnoître la plupart de ces faits, a ajouté que, suivant lui, les Rayons médullaires remplaçoient la Moelle dans les plantes qui avoient perdu accidentellement celle-ci, et qu'ils étoient la source des reproductions, notamment des Bourgeons. Passant ensuite à l'examen des Monocotylédones, il a cru pouvoir assurer que toutes les espèces de cette nombreuse série, qui se ramifioient, avoient des Rayons médullaires. Il a d'abord cité les Graminées, auxquelles il en attribue.

Il faut attendre le travail que M. Palisot prépare sur cette Famille, pour savoir ce qu'il regarde comme tel dans ces plantes. Il s'en est tenu ensuite aux *Dracænas*. A cette occasion il m'a cité, mais seulement comme ayant annoncé que quelques-uns d'entr'eux se ramifioient, et grossissoient en diamètre comme les Arbres dicotylédones ; mais il n'a tenu aucun compte des faits que j'ai exposés pour appuyer la manière dont j'expliquois cette augmentation en diamètre, il a passé sur-tout sous silence l'assertion positive que j'avois énoncée en ces termes : « qu'il n'y » avoit aucune communication visible entre l'axe du Ra- » meau (nouvellement développé) et celui du Tronc, » et que l'empattement n'étoit pas moins étranger à l'an- » cien Bois, que les Greffes ne le sont au sujet (*Ess. sur* » *la Végét.*, I, art. 3), ainsi que ce que j'avois dit plus » haut. Mais leur tronc, quelqu'épaisseur qu'il eût acquise, » ne m'offroit toujours dans sa coupe que des fibres longi- » tudinales sans *Rayons médullaires.* » Laissant donc de côté ces expressions positives, M. Palisot a témoigné le désir qu'il auroit d'être à même de voir ces Arbres vivans, parce qu'il pensoit qu'il leur trouveroit des Rayons médullaires. Il a exprimé le même désir pour les *Pandanus* ou Vaquois, persuadé qu'il étoit, qu'en raison de leurs ramifications ils devoient avoir aussi des Rayons médullaires.

Il est évident que M. de Beauvois n'a été conduit à exprimer aussi manifestement des doutes, sur la vérité des faits que mon autopsie m'a fait découvrir, que par un enchaînement de propositions et de raisonnemens purement hypothétiques, qui laissent bien loin en arrière l'observation directe de la nature ; mais je crois que ce n'est pas à la légère qu'on doit attaquer la vérité de mes observations dans cette suite de faits ; car ils doivent avoir acquis déjà de l'importance par les conséquences que j'en ai tirées, puisqu'ils servent de base à un système complet sur la Végétation. Jusqu'à présent on a trouvé plus commode de tâcher de le pousser dans l'oubli, que d'examiner s'il étoit vrai ou faux ; mais le moment n'est pas loin peut-être où la vérité sera manifestée dans tout son éclat.

Ce n'est donc qu'après un préambule purement systématique que M. de Beauvois en est venu à l'exposition de faits qu'il a regardés comme inconnus jusque-là ; et il a insinué que, par conséquent, les auteurs qui s'étoient hâtés de faire des systèmes sur la Végétation, n'ayant pu les prendre en considération, avoient dû se tromper.

C'est donc encore une espèce de défi qu'il propose aux auteurs de Physiologie végétale. Comme je me trouve rangé parmi eux, je me crois encore obligé de l'accepter, en prouvant 1°. que ces faits étoient parfaitement connus par des auteurs plus ou moins anciens ; 2°. qu'en mon particulier, je les connoissois très-bien ; 3°. enfin, que, loin d'être contraires à mon système, ils en sont les principales bases. Ici il faut remarquer qu'il y a deux ordres de faits présentés : le premier, c'est la figure polygonique de la Moelle ; le second, la disposition des Feuilles.

1°. Ces faits ont-ils été connus précédemment ?

Il est certain que la forme de la coupe de la Moelle présente tant de différence entre les espèces, qu'elle a dû être remarquée de bonne heure ; mais on a tant d'exemples, dans les sciences, que des objets, encore plus manifestes, n'ont été saisis et déterminés que très-récemment, qu'il pourroit en être de même de celui-ci ; et il est certain que la plupart des auteurs qui ont donné des détails sur l'Anatomie végétale, ne s'expriment pas positivement à ce sujet. Ainsi, Grew ne parle pas de cette différence, quoiqu'il l'ait souvent exprimée dans ses figures, témoin celle du Pin : son digne émule Malpighi en parle dans

quelques occasions, mais sans entrer dans aucun détail ;
cependant il la figure très-exactement dans les coupes du
Peuplier (*Tab. VII, Fig.* 17), dans celles du Châtaignier
(*Tab. VIII, Fig.* 32) , et suivantes. Duhamel a été plus
loin, car il s'est exprimé ainsi, pag. 4 de sa *Physique
des Végétaux* :

« Les tiges de tous ou presque tous les Arbres et Ar-
» bustes sont cylindriques, et par conséquent leur coupe
» transversale présente l'aire d'un cercle. On en peut
» dire autant des grosses branches : mais il n'en est pas
» toujours de même des petites, car la coupe transver-
» sale des jeunes pousses offre assez souvent des figures
» à plusieurs côtés, et uniformes, sinon dans toutes les
» espèces d'un même genre, au moins dans toutes les
» Plantes d'une même espèce. J'ai fait cette remarque
» sur plusieurs Arbres et Arbustes : M. Bonnet l'a faite
» sur d'autres, et il nous a paru que la figure de l'aire
» de ces coupes dépend ordinairement de certaines can-
» nelures ou arêtes saillantes qu'on aperçoit sur les jeunes
» pousses, et qui souvent prennent leur origine de l'at-
» tache des feuilles ; donnons-en quelques exemples :

» L'Aune, l'Oranger, quelques espèces de Peupliers,
» offrent des coupes triangulaires : celles du Buis, du
» Fusain, et souvent aussi du Peuplier de Virginie, du
» Phlomis, présentent des coupes carrées ; les coupes
» du Pêcher et du Sapin jaune sont pentagonales : celles
» du Clématis, de plusieurs espèces d'Erable, du Jasmin
» commun, ont la forme d'une hexagone ; les premiers,
» les Saules, et quantité d'autres Arbres, offrent une
» coupe circulaire.

» Tous les Arbres, et une grande partie des Arbustes,
» perdent peu-à-peu ces cannelures, et leurs tiges de-
» viennent circulaires ; cependant plusieurs Arbustes con-

» servent long-temps leur première forme. Je me conten-
» terai de donner pour exemple la Ronce et le Fusin. »

On peut dire à cela que Duhamel ne parle que de la circonscription de la branche même ou du Scion ; mais il en indique bien la source dans les arêtes, qui prennent leur origine de l'attache des feuilles.

Mais l'auteur, qui en a parlé le plus clairement, c'est Hill. Cet auteur, malgré ses nombreux travaux, ne jouit pas d'une grande considération ; cependant il a réuni un grand nombre de faits importans sur la Physiologie végétale, notamment dans l'ouvrage intitulé *Construction of Timber*. Là dans une suite de trente planches assez bien exécutées, il a représenté des Tranches de différentes espèces de bois vues au microscope ; dans toutes il a figuré les Angles que forme la Moelle, et il l'a décrite dans le texte qui les accompagne. Non content de cela, il en a indiqué l'origine, en disant que cette figure régulière ne pouvoit appartenir à la Moelle elle-même, parce qu'étant molle de sa nature, elle ne pourroit la conserver ; mais qu'elle lui est donnée parce qu'il nomme le *Corona*, ce qui n'est autre chose que l'*Etui-Tubulaire* ou *Médullaire* des auteurs récens ; et il est bon de remarquer que c'est à Hill qu'on en doit la première connoissance. C'est donc, suivant lui, les faisceaux des fibres qui la composent qui déterminent la forme polygonique de la Moelle : ceci revient à l'idée de Duhamel. On peut donc entrevoir que l'un et l'autre regardent cette forme comme dépendante de la situation des feuilles, ce qui nous mène à l'examen du second ordre de Faits.

Ici nous serons moins embarrassés pour trouver des auteurs qui en aient parlé, et M. de Beauvois a cité lui-même Bonnet. Effectivement, cet ingénieux et profond Naturaliste avoit été tellement frappé de la régularité constante de la disposition des feuilles, qu'il crut qu'elle pouvoit servir de base à un système pour reconnoître les plantes; et il en donna l'esquisse dans son *Traité de l'Usage des Feuilles;* et traitant ce sujet à sa manière, il en attribua la première idée à son compatriote et ami Calandrini. Ni l'un ni l'autre ne parurent se douter qu'ils avoient été précédés d'un siècle dans cette découverte : c'est par Thomas Brown. Il l'a consignée dans un petit traité très-singulier, comme presque tous les écrits de cet auteur, et qui paroît devenu très-rare. Il porte ce titre: *Garden of Cyrus. — Jardin de Cyrus*, ou *Traité du Quinconce*, qui a paru en 1658. Voici comment il s'exprime : « Dans plusieurs tiges rondes des plantes, les feuilles sont » disposées dans un ordre quintuple, la première répon- » dant à la cinquième dans leur disposition latérale; en » sorte que les Feuilles se succèdent autour de la Tige; » tout le tour est achevé à la quatrième, le cinquième » révenant à la position de l'autre cinquième qui est devant » elle; comme on peut l'observer dans la Pariétaire, la » Jacobée, les pousses de Chêne, les épines sur l'Au- » bépine : on peut encore le remarquer dans la dispo- » sition régulière des excroissances ridées qui se trouvent » sur les pousses récentes du Pin. » (*Traduit de l'anglois de la page* 126.)

  Dans cet ouvrage très-curieux, et qui mériteroit d'être plus connu, l'auteur cherche à prouver par un grand nombre d'exemples, pris dans les trois Règnes de la Nature, mais sur-tout dans le végétal, que le nombre cinq formant le quinconce ainsi : ⁙, étoit le plus généralement employé. Il paroît, par le plus grand nombre de ses obser-vations, qu'en plusieurs points il avoit devancé son siècle. Je pense, entr'autres, que c'est lui qui a remarqué le pre-mier que ce nombre cinq étoit le plus commun dans *les* parties de la fleur et de la fructification ; mais quelquefois dominé par son idée favorite, il fait des efforts pour lui rapporter ses observations, quand elles ne cadrent pas réellement avec elle. Dans le passage que j'ai cité, il s'est trouvé un exemple très-remarquable : si, comme il le dit, la cinquième feuille recommençoit le tour de spirale, cette spirale ne seroit réellement composée que de quatre, au lieu qu'elle est bien certainement de cinq, et que c'est la sixième qui se trouve au-dessus de la première ; mais, s'étant trompé dans la manière de l'estimer, il a voulu plier la Nature à sa propre erreur.

On doit être étonné qu'un fait aussi remarquable, une fois signalé, n'ait pas été pris en considération depuis par les Botanistes. Cependant Grew l'a cité, mais fort brièvement. Voici ce qu'il en dit dans le premier livre de son Anatomie : « Quant à la position quinconciale (des » feuilles), dont le savant Thomas Brown a rapporté tant » d'exemples, je m'abstiendrai d'en parler. » Il cite en marge le *Traité du Quinconce*. C'est dans le premier livre de son *Traité d'Anatomie* qu'il s'exprime ainsi : C'est le seul qui ait été traduit en françois par un nommé Levasseur, imprimé d'abord à Paris en 1675, ensuite à Amsterdam en 1685, sous le titre d'*Anatomie des Plantes*. Il paroît que le traducteur, arrivé à ce passage, a consulté l'auteur original, et, au lieu de traduire tout simplement le texte de Grew, il a employé cette phrase : « Le savant M. Brown a déjà remarqué que la Tige pousse » deux feuilles, l'une à droite, et l'autre à gauche, et un » peu au-dessus deux autres, dont l'une s'avance sur le » devant et l'autre sur le derrière, et ainsi de suite : il en » a rapporté différens exemples, et je ne m'y arrêterai » pas davantage. » *T. d'Amst., pag.* 127. Il est certain que de cette manière il étoit impossible de deviner ce que les deux auteurs avoient voulu exprimer par là ; et comme, en France, peu de-personnes étoient à même de consulter le grand ouvrage de Grew, on n'avoit pu rectifier ce passage et comprendre le véritable sens de cet Auteur.

Malpighi a parlé aussi de cette disposition des Feuilles, d'une manière assez précise, mais très-brièvement, ainsi qu'on peut le voir dans le chapitre *de Foliis*, pag. 48 de l'édit. in-4°.

Il est donc certain que depuis long-temps la disposition spirale des feuilles a été connue et décrite par des auteurs célèbres; mais comme elle n'étoit point passée dans les ouvrages élémentaires, elle n'avoit été remarquée que par le plus petit nombre des Botanistes et des Savans en général : c'est ce qu'a démontré la sensation qu'a fait naître le mémoire de M. de Beauvois, lorsqu'il l'a lu dans le sein de l'Institut; car le plus grand nombre des Auditeurs a témoigné par son attention qu'il apprenoit des choses entièrement nouvelles. Mais étois-je de ce nombre? C'est la troisième question qu'il me reste à traiter.

L'histoire des sciences présente dans tous les temps, même les plus récens, des exemples qui prouvent que dès qu'une découverte est annoncée, on s'empresse de parcourir les livres, et qu'on ne manque pas d'y trouver l'origine de cette découverte ; et, pour l'ordinaire, c'étoit dans les ouvrages les plus connus, et par conséquent les plus feuilletés, qu'on la trouve ainsi après coup. Il pourroit donc en être de même ici, et j'avouerai que plus d'une fois je n'ai fait attention à des passages bien clairs, que long-temps après la première lecture que j'en avois faite. Il est certain qu'on ne peut réclamer contre la priorité d'une découverte, qu'en présentant des pièces authentiques qui en établissent sans équivoque la date : l'impression en est la principale.

8

Ici ce n'est point en mon nom que je réclame une décou-verte ; mais il s'agit seulement de savoir par quel moyen j'ai appris que la Moelle prenoit dans sa coupe une forme polygonique. Je dirai franchement que c'est d'abord par l'observation directe de la Nature ; j'y ai été conduit par la marche que j'ai suivie pour connoître l'organisation vé-gétale. Ayant dépouillé, au printemps, des jeunes branches d'Arbres, j'ai vu facilement que la Moelle, encore en état de parenchyme, c'est-à-dire verte, étoit renfermée par un certain nombre de faisceaux de fibres, qui alloient successivement se rendre dans les Feuilles. Mais, dans mon *second Essai*, me bornant à un seul exemple, le Mar-ronier d'Inde, j'ai fait voir que sa Moelle étoit une colonne à quatorze cannelures ; mais comme l'angle de ce polygone est très-ouvert, elle paroît circulaire. Depuis, j'ai examiné successivement, sous ce nouveau point de vue, toutes les espèces d'Arbres et d'Herbes que j'ai été à portée de voir ; mais n'ayant pas encore eu occasion de développer des détails, je me suis contenté d'annoncer ce fait, dans mon *onzième Essai*, de cette manière : « La » Moelle. Sur la coupe horizontale, elle est circonscrite » par un cercle plus ou moins grand ; souvent elle présente » la figure d'un Polygone ou d'une Etoile à plus ou moins » de Rayons. (Art. 19.) »

Quant à la disposition spirale des Feuilles, elle étoit encore une suite naturelle de ma manière de considérer la Végétation. Je devois nécessairement suivre la trace de ces Faisceaux qui composent l'Etui tubulaire, et voir comment ils se distribuent dans les Feuilles et détermi-nent par conséquent l'arrangement de celles-ci ; mais il est certain que je n'avois encore rien publié de mes obser-vations à ce sujet. J'avois cependant, dès mon *premier Essai*, signalé la triple Spirale que forment les feuilles de

Vaquois; j'avois ensuite reconnu la manière dont se dérouloit l'Epiderme en formant une Hélice régulière. On peut voir dans l'Extrait de mémoire qui précède celui-ci, page 70, que je m'occupois toujours de ce phénomène important : recherchant sa cause, j'avois cru entrevoir qu'elle étoit liée avec la disposition des Feuilles pareillement en Spirale; ou, du moins, je présumois que les vestiges de celles-ci étoient des témoins propres à aider dans cette recherche. Celles des Pins et Sapins, sur-tout, étant très-rapprochées, me paroissoient plus propres à me diriger dans ce travail. J'avois rassemblé des matériaux : je me suis disposé plusieurs fois à les rassembler dans un mémoire; mais j'avoue que le froid accueil qu'on a fait à mes productions en ce genre m'a ôté le courage de l'entreprendre. Dans un Mémoire que j'ai lu à la Société d'Agriculture, au mois de novembre 1811, j'ai exposé un moyen qui me paroissoit propre à conduire des Arbres fruitiers en quenouilles ou pyramides; il étoit fondé sur la disposition spirale des Feuilles, et par conséquent des Bourgeons. Il est donc évident que j'ai connu très-bien ces deux ordres de Faits long-temps avant d'entendre la lecture du Mémoire de M. de Beauvois.

Il me reste encore à traiter de la troisième proposition; ce sera en prouvant que ces Faits, loin d'être contraires à mon système, en sont les principales bases. Cela est manifeste, puisque, comme je l'ai dit précédemment, c'est de l'examen des Faisceaux composant l'Etui tubulaire, et de la recherche de leur destination, que je les ai tirés. Ce sont eux, sur-tout, qui m'ont fourni une preuve irréfragable que les nouvelles couches de Bois et d'Ecorce se formant simultanément, il étoit impossible qu'elles vinssent l'une de l'autre, et que, par conséquent, il étoit impossible que le Liber se changeât en Bois. C'est par là que je me suis trouvé en opposition avec le plus grand nombre des Botanistes qui ont écrit sur la Physiologie végétale. Etonné moi-même de me trouver si loin du sentier battu, j'ai fait tous mes efforts pour découvrir si je ne m'étois pas fait illusion. C'est dans ce but que depuis six ans je me suis adressé, à plusieurs reprises, à la première classe de l'Institut, en invoquant de sa part un jugement capable de me désiller les yeux si j'étois dans l'erreur; mais c'étoit en vain jusqu'à présent. Voilà enfin M. de Beauvois, qui, du sein de cette illustre Société, porte une sentence de condamnation contre moi. C'est le sujet de la seconde partie de son mémoire, intitulée : *De la Conversion des Couches corticales en Bois.*

J'avouerai que, voulant me rendre à l'évidence et non pas à l'autorité, j'aurois désiré un acte plus solennel, dans lequel M. de Beauvois, commençant par discuter mon opinion, examinât les bases sur lesquelles je la fonde, et qu'ensuite il en démontrât le peu de solidité; mais loin de là, il n'en a pas parlé du tout. Il a cependant commencé par exposer les sentimens des différens auteurs précédens. Ce n'est donc qu'après ce préambule qu'il a manifesté sa propre opinion; mais il ne l'a appuyée par aucun fait : ce n'a donc été que par des raisonnemens purement systématiques qu'il l'a étayée; il ne s'est pas même mis en peine d'expliquer les termes dont il s'est servi pour l'énoncer, ce qui cependant eût été nécessaire pour la clarté; car, par exemple, qu'entend-il par Couches corticales? Cette expression n'est pas nouvelle, car Duhamel et Sennebier l'ont employée. Suivant eux, ce sont les Couches de l'Ecorce qui sont entre le Liber ou la surface intérieure de l'Ecorce, et l'Epiderme, ou plutôt la Couche parenchymateuse verte. Or, il est évident que ce n'est pas dans ce sens que M. de Beauvois s'en sert; car, dans ce cas, il faudroit qu'elle traversât cette couche de Liber pour venir se réunir au Bois et l'augmenter. Il y a donc apparence que c'est le Liber lui-même qu'il a désigné ainsi. Mais pourquoi ne s'est-il pas servi de ce mot avec tous les Botanistes? Je ne peux en soupçonner qu'un motif, c'est qu'alors sa proposition se trouvant être tout simplement *de la Conversion du Liber en Bois*, on eût vu clairement que c'étoit une attaque directe contre les principes que j'annonce depuis plusieurs années, et que, par là, il se seroit trouvé obligé d'en parler et d'entrer en quelque discussion à ce sujet. C'est vraisemblablement ce qu'il a voulu éviter ; mais je doute fort que ce soit là la marche la plus propre à hâter les progrès des sciences.

M. de Beauvois continuant ses recherches sur la figure de la Moelle et la disposition des Feuilles, et profitant du renouvellement du printemps, les a étendues sur les Plantes herbacées : elles ont été le sujet de son troisième Mémoire, et il a sur-tout pris en considération celles qui ont les Feuilles verticillées. Comme, avant la séance, il avoit mis en exposition tous les exemples dont il alloit s'appuyer, je remarquai des tiges de Garance et autres Rubiacées ; et comme il faisoit voir à plusieurs personnes que, dans ces Plantes, quoique le verticille fût composé de quatre Feuilles, il ne partoit que de deux points, je lui demandai alors s'il ne se ressouvenoit pas d'un mémoire que j'avois lu deux ans auparavant dans la séance du 20 mai 1810, et dont j'avois donné l'extrait dans le *Bulletin de la Société Philomatique*, dans lequel, entr'autres, j'exposois les observations que j'avois faites à ce sujet, et que j'avois appuyées par des figures. Il m'assura qu'il n'en avoit aucune connoissance, et il inséra dans son Mémoire une Note, par laquelle il annonçoit mon travail à ce sujet.

Ecoutant la lecture de ce Mémoire, je n'y trouvai rien que l'examen de la Nature ne m'eût fait découvrir précédemment, excepté que M. de Beauvois disoit que, lorsqu'il y avoit six Feuilles dans le Verticille de Garance, il y avoit alors trois points d'où partoient ces Feuilles, et que la Tige étoit hexagone. Je fus surpris de cette assertion, car j'avois trouvé que, dans toutes les espèces de cette Famille que j'avois observées, la Tige étoit toujours carrée, et qu'il n'y avoit jamais que deux points de sorties pour les Feuilles, quel que fût le nombre qui composât le verticille. En sorte qu'après la séance je m'empressai d'examiner les Tiges qu'avoit apportées M. de Beauvois, et j'en vis effectivement de telles qu'il les avoit annoncées ; mais je découvris facilement que c'étoit une surabondance ou espèce de monstruosité par excès, semblable à beaucoup de cas dans lesquels les Feuilles destinées naturellement à être opposées, deviennent verticillées trois à trois, ou quatre à quatre, etc., ce dont M. de Beauvois lui-même avoit fourni des exemples.

De là il résultoit que, dans ce Mémoire, il n'y avoit indubitablement aucune circonstance que je n'eusse fait connoître deux ans auparavant; mais il me parut que, par suite de l'accueil glacial qu'on a fait aux nombreuses découvertes que j'ai eu l'honneur de déposer dans le sein de l'Institut, peu de personnes avoient fait attention à celle-ci. Cette circonstance m'a déterminé à réimprimer dans ce Recueil l'Extrait de mon Mémoire, tel que je l'ai donné dans le *Bulletin de la Société Philomatique*; il se trouve pag. 77.

Dans la séance suivante, M. Féburier adressa une Lettre au Président, par laquelle il lui annonçoit qu'il s'empressoit de répondre à l'invitation que M. Palissot avoit faite aux Botanistes, de lui communiquer leur avis au sujet des

Faits qu'il avoit exposés, et qu'il alloit appliquer les principes qu'il avoit posés sur les Sèves ascendante et descendante, à l'explication des questions agitées ; mais en écoutant une simple lecture, je ne pus saisir les raisonnemens
de l'auteur, je remarquai seulement qu'il faisoit quelques
observations sur la Moelle, et qu'il prenoit principalement
celle du Sureau pour exemple, et qu'il prétendoit toujours qu'elle diminuoit à mesure que le corps ligneux
prenoit de l'accroissement. Depuis, son Mémoire a paru
dans les *Annales de l'Agriculture française* : alors
j'ai été à même de l'examiner, et je n'ai rien trouvé qui
détruisît les conséquences que j'ai tirées de mes Observations, savoir : qu'il étoit impossible que la Moelle une
fois formée pût diminuer de diamètre. Mais si, après avoir
lu les détails dans lesquels je vais entrer en développant
l'Histoire du Morceau de Bois, on n'est pas convaincu de
la vérité des bases que j'ai fondées, je dois désespérer d'y
réussir à jamais ; car il me paroît que les preuves que j'en
donne sont aussi de la plus grande évidence.

HISTOIRE

D'UN

MORCEAU DE BOIS.

Histoire. Ce mot passant du grec dans le latin, et de là dans toutes les langues modernes de l'Europe, a pris une signification plus restreinte que dans son origine, car il ne signifioit alors qu'ordre ou arrangement des faits; et maintenant, prononcé seul, il ne rappelle plus que le Recueil des Evénemens qui se sont passés parmi les Hommes. Cependant Hérodote, qu'on a surnommé *le Père de l'Histoire*, n'avoit pas donné ce nom à son ouvrage; tandis qu'Aristote a intitulé *Histoire des Animaux* le recueil dans lequel il a exposé tout ce qui concerne cette classe d'Etres; et Théophraste, son disciple, à son imitation, a nommé *Histoire des Plantes* l'ouvrage qu'il nous a laissé sur le Règne Végétal.

L'Histoire est l'exposition claire ou le récit des Faits et des Evénemens qui ont distingué l'existence d'un Etre isolé, *l'Histoire particulière :* ou de plusieurs réunis, *l'Histoire générale ;* pendant un Laps détaché dans le Temps, la *Chronologie;* ou un Lieu déterminé dans l'Espace, la *Géographie.*

L'Homme pouvant retracer à ses semblables, par son langage, les objets, quoiqu'ils ne frappent plus ses sens, diffère en cela des autres Animaux, qui ne se communiquent entr'eux que leurs sensations présentes : il peut donc seul être Historien.

Il raconte des Faits qui lui sont arrivés ou à d'autres Hommes : ce sont ceux qui intéressent le plus généralement ; de là le nom d'*Histoire* proprement dite.

Ou bien, il expose les Faits qui concernent les autres Animaux, ou tous les Etres qui peuvent tomber sous les sens.

Il les représente, d'un côté, comme suivant les lois éternelles dictées par le Créateur, dont le code forme la Nature, *l'Histoire naturelle*.

De l'autre, il les considère comme soumis à l'action de l'Homme ou de l'Art, *l'Histoire artificielle*.

L'Histoire artificielle semble être intermédiaire entre l'Histoire proprement dite et l'Histoire naturelle ; car, par elle, les Etres, même inanimés, se rattachent à la vie d'un seul Homme.

Ainsi La Fontaine nous parle d'un Statuaire entraîné par son génie, qui, d'un bloc de Marbre, tire un sujet d'admiration qui doit le recommander aux éloges de la postérité.

> Un bloc de marbre étoit si beau,
> Qu'un statuaire en fit l'emplette.
> Qu'en fera, dit-il, mon ciseau ?
> Sera-t-il dieu, table ou cuvette ?
>
> Il sera Dieu : même je veux
> Qu'il ait en sa main un tonnerre.
> Tremblez, humains ! faites des vœux !
> Voilà le Maître de la Terre.

(La Fontaine, *Liv. IX, Fab.* 6.)

Ce bloc de marbre nous rappellera donc l'idée d'un Phidias, dont le ciseau créa ce chef-d'œuvre. Il pourra encore nous rappeler un philosophe, qui cherchant à concevoir comment cette statue existoit déjà dans le marbre, aura pénétré dans les replis les plus profonds de la Métaphysique; il nous rappellera encore l'aimable Poète qui l'a présenté à notre imagination.

Un Poète ancien, qui a beaucoup de rapport avec notre fabuliste, et dont même celui-ci a emprunté un trait de son tableau, Horace, pousse plus loin la liberté de la Poésie, en faisant raconter à un Morceau de Bois sa propre Histoire.

> *Olim truncus eram ficulneus, inutile lignum,*
> *Cum Faber incertus scamnum faceretne Priapum,*
> *Maluit esse deum......*

Il se peut faire qu'Horace n'ait pris l'idée de ce Morceau de Bois de Figuier que dans son imagination; mais il est plus probable qu'il existoit réellement, et que depuis qu'il eut écrit cette Satyre, ce Tronc façonné en Statue attira plus fortement l'attention, qu'il n'avoit fait jusqu'alors; et tant qu'il subsista, on associa son idée avec celle d'Horace.

Mais ce Bloc et ce Tronc existoient avant ce moment où ils ont commandé l'attention : l'un étoit dans une carrière; c'est par de grands efforts qu'il a été détaché de la masse générale, ou banc, dont il faisoit partie. La vie de plusieurs hommes a été usée, pour ainsi dire, pour l'en détacher : une autre a servi à le déposer dans l'atelier du Sculpteur, et tous sont morts inconnus.

Cependant, quelles méditations ne pouvoit pas faire naître cette masse de pierres! Depuis quel temps étoit-elle déposée? Qu'est-ce qui avoit déterminé sa formation?

La réponse aux questions qu'elle pouvoit exciter suffisoit pour établir une Géologie complète; mais il est un grand nombre de chefs-d'œuvre de l'antiquité, dont nous ne connoissons plus les carrières qui en ont fourni la matière première.

Au surplus, il n'est pas une parcelle du Règne minéral qui ne puisse donner lieu à des réflexions semblables. Le moindre grain de sable suffit pour exciter les méditations du Philosophe.

> L'histoire de ce Grain est l'histoire du monde,

a dit M. Delille, l'heureux successeur des deux Poètes que nous avons cités, ayant, comme eux, le talent de faire naître les réflexions les plus profondes, des sujets qui paroissent les plus frivoles.

Quant au Figuier d'Horace, il avoit sûrement végété dans les environs. Depuis longues années il enrichissoit son propriétaire de ses fruits : ce n'est qu'à regret que celui-ci l'a vu succomber au ravage du temps, et vraisemblablement plusieurs Générations s'étoient succédées depuis qu'il avoit été planté.

Mais d'autres Figuiers végétoient à côté, on pouvoit soupçonner que celui-ci avoit passé par les mêmes dégrés d'accroissement: on pouvoit donc, par l'examen de ceux-ci, reconnoître les différens périodes de son existence.

C'est donc en comparant ce qui se passe journellement sous nos yeux qu'on peut juger ce qui s'est passé. L'Historien des Hommes en use de même ; il sait par l'expérience que leur corps est soumis aux mêmes développemens ; il sait aussi qu'ils sont agités des mêmes passions.

Aussi, il n'hésite pas pour mettre à la place de ce qui a existé, et qu'il ne connoît pas, ce qui se passe journellement sous ses yeux.

Il agit donc dans son Cabinet, comme on sait qu'agit le Peintre d'histoire dans son atelier ; l'un et l'autre ont des modèles pris dans la foule d'aujourd'hui, dont, à l'aide de quelques changemens, ils composent les Héros des temps passés.

L'historien le plus grave appelle donc souvent son ima-

gination à son secours, pour présenter ce qui est vraisem-
blable, à la place du vrai qu'il ne peut connoître.

C'est donc par un pareil moyen qu'on pourra faire l'Histoire d'un Arbre. C'est ainsi que le Poète fécond que nous
venons de citer, se représente la Bûche qui va se consumer
dans son foyer.

> Et toi, charme divin de l'esprit et du cœur,
> Imagination ! de tes douces chimères
> Fais passer devant moi les figures légères.
> A tes songes brillans que j'aime à me livrer !
> Dans ce brasier ardent qui va le dévorer,
> Par toi ce chêne en feu nourrit ma rêverie ;
> Quelles mains l'ont planté ? Quel sol fut sa patrie ?
> Sur les monts escarpés bravoit-il l'aquilon ?
> Bordoit-il le ruisseau ? Paroit-il le vallon ?
> Peut-être il embellit la colline que j'aime !
> Peut-être sous son ombre ai-je rêvé moi-même ?
> Tout-à-coup je l'anime ; à son front verdoyant
> Je rends, de ses rameaux, le panache ondoyant,
> Ses guirlandes de fleurs (1), ses touffes de feuillage,
> Et les tendres secrets que voila son ombrage.

DELILLE, les Trois Règnes, ch. I.

Un Morceau de Pierre ou de Bois peut donc exciter la
curiosité par le moyen de l'Art ; la Science peut aussi lui
donner une sorte d'illustration, qui le rendra digne d'occuper une place dans l'Histoire.

Ainsi la Boule de métal qu'Archimède tenoit dans
son bain, et qui lui révéla subitement l'Hydrostatique ; la
Pomme, qui, par sa chûte, fit naître dans l'esprit de

---

(1) En qualité de Botaniste, je ne peux me dispenser de remarquer que le Chêne
a des fleurs peu apparentes, comme tous ceux de la famille des Amentacées, à laquelle
il appartient ; Mais au moment où je me permettois cette remarque :

Extinctum Nymphæ crudeli funere Daphnim
Flebant ! . . . .

Newton l'idée de l'Attraction, doivent occuper une place distinguée dans l'Histoire de ces deux puissans génies.

Mais la célébrité de ces objets est en raison de celle des hommes et des découvertes qu'ils ont occasionnées; ainsi, il n'en est point parmi eux qui ne puissent citer quelques objets qui laissent dans leur mémoire de longs souvenirs, mais qui passeront comme eux.

Sed omnes illachrymabiles
Urgentur, ignotique longâ
Nocte, carent quia vate sacro.

Je regarde comme un des monumens les plus remarquables de mon Histoire, une Bouture de *Dracæna*, que j'ai rapportée de l'Isle-de-France, parce que c'est d'elle que je suis parti pour exposer un nouveau système d'organisation végétale : il a été le premier Anneau d'une Chaîne qui m'a conduit, je crois, de vérité en vérité. Une des dernières qu'il m'a conduit à manifester, a été d'annoncer que, dans les Arbres dicotylédones, la Moelle, une fois formée, ne diminuoit plus en diamètre. Cette opinion a été long-temps rejetée sans examen, et seulement parce qu'elle étoit contraire aux idées reçues. J'avois prévenu une objection qu'on pouvoit me faire par le Sureau; voici en quoi elle consiste : il est certain, pouvoit-on dire, qu'au milieu de très-gros troncs on ne trouve qu'un filet de Moelle; tandis qu'il est notoire qu'on en trouve une de très-large diamètre dans les jeunes Branches. Je répondois à cela que, si l'on examinoit attentivement les jeunes Branches, on verroit que ce diamètre varioit depuis une ligne jusqu'à neuf, et quelquefois plus, et qu'ainsi on en trouvoit parmi, qui correspondoit juste à la plus étroite qui pût exister dans les Troncs.

On ne fit aucune attention à cette réponse, et le Tronc

de Sureau devint toujours une massue avec laquelle on croyoit avoir écrasé toutes mes conceptions phytologiques. Le hasard m'a procuré le moyen de combattre à armes égales. Me trouvant à la campagne, au mois de novembre 1809, je vis un tas de Souches, *inutile lignum*, qui étoit destiné à alimenter le foyer pendant l'hiver : j'y trouve quelques Troncs de Sureau ; je m'arme d'une Scie, et j'en prends des Tronçons. J'y trouve, comme je le prévoyois, au centre, des Moelles de différens diamètres, j'en rapporte des Tronçons : j'en ai fait polir un sur ses deux Tranches horizontales, afin qu'on remarquât mieux les cercles concentriques et le diamètre de la Moelle.

C'est le Morceau de Bois sur lequel je veux attirer plus fortement l'attention, et dont je raconte l'Histoire ; j'en représente une portion sur la Planche que je joins ici (*Voy.* fig. a) : elle est réduite à tout ce qu'il y a d'essentiel, et qui suffit pour faire juger la grosseur totale. C'est ainsi qu'on se contente de représenter le Buste dans les portraits.

J'apportai ces tronçons de Sureau à Paris, et je les présentai d'abord à la Société Philomatique, pour répondre à un Mémoire dans lequel un de ses membres, M. Bosc, avoit voulu prouver, par des boutures de Sureau, que la Moelle diminuoit de diamètre ; mais il paroît qu'il ne fut pas convaincu, car, dans une séance de la Société d'Agriculture, il présenta des tronçons de Vigne, par lesquels il comptoit également prouver cette diminution. Cela me fit changer quelque chose à un Mémoire que je devois lire à la première Classe de l'Institut, et dans lequel je comptois produire mon Morceau de Bois comme principal témoignage. J'y joignis de plus des tronçons de Vigne, et il en résulta le Mémoire que j'ai lu le 5 mars 1810, et que j'ai publié sous le titre de *Treizième Essai.*

Il avoit pour objet de déterminer un examen de deux questions que je regardois comme importantes : la première, sur la diminution de la Moelle ; et la seconde, sur la prétendue conversion du Liber en Bois. Quelques mois après, c'est-à-dire le 3o juillet, enfin il fut fait un rapport qui prononça sur la première question et éluda la seconde. Il fut donc reconnu publiquement par MM. de Jussieu, Desfontaines et Labillardière, que la Moelle ne diminuoit point en diamètre. Mon Morceau de Bois a donc contribué à faire reconnoître cette vérité ; mais il paroît que tous les Naturalistes n'ont pas encore adhéré à cette sentence. D'abord M. de Mirbel ne l'adopte qu'à moitié ; car il prétend que, lors de la formation de la Moelle, c'est-à-dire lorsqu'elle est en état de parenchyme vert, elle est d'un plus grand diamètre que lorsqu'elle sera réduite à l'état médullaire. En second lieu, M. Feburier, dans un Mémoire imprimé dans les *Annales d'Agriculture*, prétend toujours, et en prenant le Sureau pour exemple, que la Moelle diminue d'année en année, quoiqu'il convienne qu'elle ne s'obstrue jamais entièrement.

Je me trouve donc obligé de faire un dernier effort pour tâcher de mettre pour toujours hors de doute cette vérité importante, que la Moelle acquiert dans son état de parenchyme un diamètre dont il est impossible qu'elle varie en plus ou en moins tant que la vitalité est conservée dans le Tronc ou Branche dont elle occupe le centre.

Pour y parvenir, je vais me servir de mon Morceau de Bois ; mais je vais appeler à mon secours la *Palingénésie*, et je vais tâcher de le parer d'une nouvelle verdure : il faut donc que, comme la baguette d'Aaron, il reprenne ses feuilles. Je pourrai peut-être, dans une autre occasion, lui redonner ses fleurs; mais à présent je me contenterai de celle-ci. Je vais donc le faire rentrer dans sa Graine et dérouler ensuite toute la suite des états par lesquels il a dû passer avant d'être formé tel qu'il est maintenant.

Voilà le printemps qui va paroître. Il sera facile de se procurer des rameaux, sur lesquels on pourra suivre facilement tous les phénomènes que je vais indiquer; mais à leur défaut on pourra se servir de la planche que je joins ici : je l'ai esquissée et gravée à l'eau-forte à la hâte, et ne la présente que comme ces figures dont les géomètres s'aident pour leurs démonstrations, sans s'embarrasser si elles sont bien correctes.

L'énumération de ces détails paroîtra peut-être bien longue; cependant je me suis borné à exposer ceux qui étoient nécessaires à mon but, en sorte que c'est tout au plus un chapitre de l'Histoire complète du Sureau que je donne ici.

Il n'est pas une seule des parties dont je présente l'origine, qui ne pût être examinée sous tous les rapports et donner lieu à des développemens nouveaux; je devrois examiner d'abord, dans autant d'articles détachés, les parties extérieures, telles que les Racines, les Tiges, les Branches, les Feuilles, et les Bourgeons.

Pénétrant ensuite l'intérieur, il me faudroit de même passer successivement en revue l'Écorce, le Bois, la Moelle, ensuite les décomposer dans leurs moindres parties; il en résulteroit l'Anatomie du Sureau, ou plutôt le Sureau considéré isolément en lui-même. Il me resteroit encore à tracer ses rapports avec les corps environnans, et sur-tout avec l'Homme.

Plusieurs volumes suffiroient à peine pour épuiser ce sujet; mais, d'un côté, qui pourroit l'entreprendre? et, de l'autre, combien se trouveroit-il de lecteurs qui se donneroient la peine de le lire?

Un Allemand, Blochwitz, a publié un traité, sous le titre d'*Anatomia Sambuci*, Leipsik, 1631, ou Anatomie du Sureau ; mais c'est une compilation indigeste de tout ce qu'on avoit écrit avant lui sur les propriétés réelles ou imaginaires de cet arbuste. Il a donné un exemple, qui a été suivi depuis par plusieurs de ses compatriotes, celui de faire un volume sur une seule Plante ; mais c'est sur-tout depuis la fondation de l'Académie des curieux de la Nature, que ce genre d'ouvrage s'est le plus multiplié.

Formation d'un Tronc de Sureau par le Développement d'une Graine.

Le fruit du Sureau est une Baie ou Fruit mou, contenant trois Graines ; elle a à peine trois lignes de diamètre, en sorte que la Graine développée est beaucoup plus petite. (*Voy.* fig. a, 1) Elle est composée d'un Test ligneux, au centre duquel se trouve un corps blanc enveloppé d'un tégument mince. Ce corps n'est pas encore la plante, ce n'est que le Périsperme de Jussieu, l'Albumen de Gœrtner, et l'Endosperme de Richard. C'est donc au milieu de tous ces corps étrangers que l'on trouve la petite Plante. (*Voy.* fig. a, 2, 3.) Elle est entièrement isolée ; c'est-à-dire, qu'on peut la détacher sans occasionner aucune rupture : on l'auroit trouvée ainsi, dès le premier instant qu'elle a été perceptible au sens de la vue. Il en est de même de toutes les Graines ; l'Embryon qu'elles contiennent est détaché dès l'instant qu'il se manifeste : en sorte que ce n'est, jusqu'à présent, que la spéculation théorique qui a imaginé, dans les Embryons-graines, un Cordon ombilical, comme dans les Animaux.

Une Graine ainsi épluchée, il reste donc un petit corps

oblong blanc ; si on l'examine avec attention (sans le secours d'aucun verre pour les vues ordinaires, comme tout
le reste de cette description), il présentera en gros la
forme d'un cylindre oblong d'une ligne et demie, au plus,
de long. L'extrémité qui se trouvoit vers le sommet de la
Graine, c'est-à-dire qui, dans le Fruit supposé dans son
état naturel , regardoit en haut , et qui étoit le point où
étoit attachée la Graine, est arrondi et obtus. En suivant
vers l'autre extrémité, on aperçoit une fente qui commence vers le milieu , et qui continue jusqu'au bout ; en
sorte qu'on voit facilement que cet Embryon est composé
d'un cylindre et de deux lobes qu'on peut séparer. La
première partie supérieure est ce qu'on a nommé Radicule, parce que c'est de là que doit partir la Racine, et
les deux lobes sont les Cotylédons. (*Voy.* fig. a, 4.) Alors ,
on voit que cette Plantule est dans une situation renversée.
Un grand nombre d'expériences faites sur des Graines
plus grosses, et par conséquent plus faciles à observer ,
ont appris que, de quelque façon que se trouve placée
cette Radicule , elle se retourne, et cherche à gagner la
terre, pour s'y enfoncer pendant la Germination.

Si nous voulons faire germer cette Graine de Sureau,
nous lui épargnerons cette peine , et nous la supposerons
placée à la superficie du sol tenu constamment humide , la pointe de la Radicule touchant la terre. Si la
chaleur se soutient à une température moyenne , bientôt
la petite plante reçoit dans tout son ensemble de nouvelles substances qu'elle s'assimile : elle augmente par
conséquent dans tous les sens. Ce Périsperme qui l'entoure se décompose ; il s'évanouit insensiblement. L'on
présume avec fondement , que c'est lui qui fournit la
matière de l'accroissement à la Plantule ; que c'est par
conséquent son premier aliment. Bientôt elle en reçoit de

l'extérieur : alors elle fait effort sur le tégument ou le Test qui l'enveloppe ; celui-ci se fend : la Radicule qui se pré‑ sente au-dehors la première, tend à s'enfoncer en terre ; les Cotylédons ne pouvant encore se débarrasser du Test , quoique déjà fort agrandis, sont soulevés à une certaine distance de la superficie du sol, à un pouce au moins ; ils se trouvent donc alors portés par un filament cylindrique ou la Tige , et ce n'est évidemment autre chose que la partie cylindrique , ou ce que nous avons nommé Radicule : en même temps elle a grossi en diamètre d'une manière remarquable.

La Radicule avoit donc tout au plus deux tiers de ligne de long, et un quart en diamètre. Cependant, si on l'examine avec attention , on verra déjà que sa tranche est partagée en deux portions par un cercle concentrique. D'autres Graines plus grosses nous apprendront que c'est déjà un corps médullaire entouré de filamens, qui vont se rendre dans les Cotylédons ; en sorte que chacun de ces filamens a une longueur déterminée.

Dans la Graine toutes ces parties sont blanches ; mais, par l'effet de la Germination , elles deviennent vertes , et bientôt les Cotylédons finissant par se débarrasser de leurs enveloppes , prennent alors le caractère de véritables Feuilles.

Au centre se trouve une protubérance, qui augmente sensiblement ; dès qu'elle est parvenue à une certaine grosseur, on peut reconnoître qu'elle est composée de plusieurs Feuilles emboîtées les unes dans les autres en un mot, c'est un véritable Bourgeon. Nous aurons par la suite des occasions plus favorables pour l'observer.

Dès qu'une fois les Cotylédons ont été soulevés par la Tige à un certain degré d'élévation au-dessus de la superficie du sol, que nous supposerons invariable , ils demeurent fixés à ce point jusqu'à leur chute ; ils prennent aussi toute l'extension qu'ils doivent conserver, jusqu'à ce qu'ils se flétrissent et se détachent. La petite Tige a reçu aussi un accroissement remarquable en diamètre ; il faut l'examiner en cet état, et, pour cela, l'arracher : on verra que déjà elle avoit poussé un grand nombre de Racines ; mais on n'en remarquera pas, comme dans beaucoup d'Arbres, une principale s'enfonçant perpendiculairement, ce qu'on nomme le Pivot ; la plupart courront presqu'à la superficie du terrain horizontalement : elles sont divisées et subdivisées en Filamens minces ou Chevelus ; chacun d'eux est terminé en Mamelon, tel qu'étoit l'extrémité de la Radicule, lorsqu'elle étoit dans la Graine.

Si l'on coupe transversalement la petite Tige, on apercevra plus distinctement les deux portions, séparées par un cercle : celle du milieu est verte. On remarque quelques points blancs ; ils forment un cercle qui sépare l'intérieur de la portion extérieure : celle-ci est l'Ecorce. Si l'on examine des coupes transversales sur les parties enfouies, on les trouvera également partagées par un cercle concentrique ; mais toutes les parties sont blanches.

On verra facilement que la portion extérieure n'adhère pas à l'intérieure, parce qu'il y a entre eux deux une couche humide qui les sépare : c'est le Cambium ; en sorte que, si on l'entame et qu'on en soulève un lambeau, on pourra mettre à nu sur toute la longueur, toute la portion intérieure, c'est-à-dire, qu'on décortiquera toute la Plante.

Sur la surface de la Tige on distinguera, par la couleur verte, la partie extérieure ou la Tige, de la Racine. Sur la Tige, on verra que les points blancs sont la tranche de filets continus qui se rendent, d'un côté dans les Cotylédons, et, de l'autre, dans les Racines ; mais dans celles-ci, elles forment un corps solide, dans lequel on n'aperçoit pas la substance verte qui remplit la première. Ces points blancs, et les filets dont ils sont la coupe , paroissent bien isolés ; mais on pourra s'apercevoir que leur intervalle est garni d'autres filets plus minces , et qui rendent le cercle continu.

Pour connoître la nature des uns et des autres , il faudroit employer le microscope ; mais il suffira , pour le moment , de savoir que c'est le commencement du Corps ligneux ou du Bois ; que dans la partie qui est au-dessus de la superficie du sol , il renferme un Parenchyme vert ; mais qu'il n'y en a pas au-dessous, c'est-à-dire , dans la Racine.

Il est donc certain que cette petite Plante est le résultat de deux mouvemens , l'un montant , qui a porté les Cotylédons à un pouce environ au-dessus de la ligne du sol ; l'autre descendant , qui a établi des Racines au-dessous de cette ligne , et que ce mouvement a été accompagné d'une augmentation manifeste en tous sens ; en sorte que la petite Plante pèse un plus grand nombre de fois plus que la Graine qui lui a donné naissance. D'où vient ce mouvement ? Il ne part pas , comme on l'a cru jusqu'à présent assez généralement, de l'entre-deux des Cotylédons , car ils n'auroient pu se soulever eux-mêmes.

J'ai présumé , dans les deux extraits de mémoires qui se trouvent ci-dessus, pag. 83 et 90, qu'il devoit être dans la portion cylindrique ou la radicule ; en sorte que la partie inférieure seroit le principe de la Radicule , tandis que l'autre seroit celui de la Tige ; mais il est impossible de découvrir par les sens le point de partage de ces deux mouvemens. Une nouvelle idée m'a été suggérée , et qui me paroît plus simple et plus conforme à tous les autres Phénomènes de la végétation , que nous décrirons par la suite. (1)

––––––––––––––––––

(1) C'est par un Mémoire de M. Knight, publié dans les *Transactions de la Société Royale de Londres* , de 1809. C'est donc encore

C'est que toute la portion cylindrique nommée Radi-cule, est réellement une Tige, et qui n'a d'autre mouve-ment que celui d'ascension. Déjà je regardois que la petite Plante renfermée dans la Graine, étoit l'inverse de ce qu'elle sera, c'est-à-dire, que ses Cotylédons faisoient alors l'office de Racines, tandis que l'extrémité opposée étoit la Tige, et que c'étoit la première qui cherchoit le grand air. Voilà pourquoi elle tournoit toujours vers le point le plus mince des enveloppes, par lequel vraisem-blablement il lui arrivoit des émanations aériennes. Il est à remarquer que cette partie est à sec, tandis que l'opposée est plongée dans les liquides qui composent l'Amnios. Cette idée paroît être celle de Grew. Aussi le premier mouvement de la Graine tend-il en haut; ce n'est qu'après qu'elle s'est aérée, qu'elle se rabat : la graine d'Oignon est remarquable de ce côté.

A présent, supposons que cela soit ainsi. Les fibres qui composent cette petite Tige se porteront donc en haut; mais le Bourgeon primordial, ou la Plumule, qui se manifestera alors, cherchera à gagner la terre par une de ses extré-mités, ce sera en formant des fibres ligneuses; parvenues à l'extrémité de la Tigelle, elles perceront dans le sein de la terre.

Les fibres corticales se formant simultanément, se prê-teront à l'accroissement en longueur : voilà donc la petite Plante ou le jeune Sureau en train de végéter. La Plumule, ou le Bourgeon terminal, s'augmente rapidement : les deux premières feuilles qui la composent se séparent, en montant, des deux Cotylédons. Leur marche n'est pas longue, quel-

---

une nouvelle idée que je lui dois, et dont je lui fais hommage avec plaisir. Cependant quelques nouvelles observations que j'ai faites de-puis, me ramènent encore à ma première opinion.

ques lignes la composent : ils suivent donc la même marche que les deux Cotylédons portés par la Tigelle. Ces deux feuilles sont simples, c'est-à-dire, composées d'un Pétiole et d'une Lame. Le second couple de feuilles suit encore la même marche, c'est-à-dire, qu'il s'en sépare, en montant, d'une certaine quantité ; et dès qu'ils sont parvenus à un certain point, ils restent toujours à la même distance l'un de l'autre.

Ces deux secondes Feuilles croisent à angle droit les premières, c'est-à-dire, que, si le point d'attache de celles-ci regardoit le Nord et le Sud, les deux autres seroient dirigées Ouest et Est. Toutes celles qui se succèdent suivent ce même ordre ; en sorte qu'elles sont distribuées sur quatre rangs qui forment la croix, si on considère la plante verticalement, ou à vue d'oiseau.

C'est donc en revenant N. et S. que le troisième couple se développe : il se trouve un peu plus écarté, et les nouvelles feuilles deviennent trifoliées, au lieu de simples qu'elles étoient : plus haut elles sont ailées à cinq folioles. Enfin, si la nouvelle branche est forte, les feuilles supérieures seront à sept folioles.

Il arrive que sur un certain nombre de Graines semées dans le même terrain, les unes ne poussent ainsi qu'un petit nombre de feuilles toutes simples, et qu'elles s'arrêtent ; et que d'autres, au contraire, s'élancent, parce qu'elles en produisent un plus grand nombre ; en sorte qu'examinant mes semis de Sureau, au 20 octobre, j'ai trouvé des individus qui avoient depuis deux pouces d'élévation jusqu'à deux pieds.

Dans tous ces plants, l'augmentation en diamètre et en élévation étoit en raison du nombre de feuilles développées. Un individu de deux pouces avoit à peine une ligne de diamètre à la base, tandis que celui de dix-huit pouces

avoit au moins huit lignes. Dans les plus forts, les Cotylédons et les Feuilles inférieures étoient tombés, mais leur
place étoit indiquée par une cicatrice.

Ayant arraché un des plus grands individus, j'ai coupé
la tige horizontalement vers le milieu de chaque entre-
deux des feuilles; j'ai représenté de suite leur tranche,
fig. d, de 1 à 13.

Le n°. 1 représente la Tranche d'une des Racines. La
principale se divisoit presqu'à la superficie du sol, en
trois, à-peu-près pareilles à celle-ci. Le cercle intérieur
représente la substance ligneuse au centre de laquelle on
n'aperçoit pas de Moelle ; l'extérieur représente l'ecorce,
qui paroît beaucoup plus épaisse.

Si l'on suppose que le cercle intérieur est 1 en diamètre,
l'extérieur pourroit être 3; ces deux cercles étant comme
les carrés de leur diamètre, seroient donc en surface
comme 1 est à 9.

Ainsi l'Ecorce auroit huit fois plus de surface que le
Bois.

Le n°. 2 est pris au niveau du sol : il représenteroit donc
le point d'où est partie l'élongation ; l'Ecorce est encore
très-épaisse ; un point, plutôt qu'un cercle, y indique la
naissance de la Moelle.

Le n°. 3 est près de dix lignes au-dessus ; immédiatement
au-dessous des cotylédons, l'Ecorce a sensiblement diminué et la Moelle un peu augmenté en diamètre.

Le n°. 4 est à peine à trois lignes au-dessus du n°. 3;
l'Ecorce est devenue très-mince et la Moelle beaucoup
plus large.

Le n°. 5 est encore très-rapproché, l'Ecorce est encore
plus réduite.

Le n°. 6 est à un pouce; la Moelle y a augmenté sensiblement en diamètre : dans les parties inférieures la cir-

conscription de l'Ecorce étoit circulaire ; ici il y a un angle remarquable.

Le n°. 7 est à deux pouces de distance ; il est irrégulièrement anguleux.

Le n°. 8 est à trois pouces de distance ; il est très-anguleux.

Le n°. 9 est à trois pouces de distance ; c'est le point où la Moelle est la plus large.

Le n°. 10 est à neuf pouces de distance ; la Moelle est moins large.

Le n°. 11 est à deux pouces de distance. Jusque-là la Moelle étoit blanchâtre et sèche , l'Ecorce grise ; ici l'Ecorce est verte et bien marquée par huit cannelures : immédiatement au-dessous de l'Ecorce on rencontre un carré circonscrit par huit points blancs , et au centre une substance verte au lieu de Moelle.

Le n°. 12 est à un pouce de distance. Ici les deux couples sont tellement rapprochés qu'il s'y trouve à peine la place pour y faire une tranche ; les feuilles sont très-petites , et elles en recouvrent d'autres, mais d'une dimension trop petite pour être examinées.

Ainsi la pousse n'etoit pas encore arrêtée à la fin de novembre , tandis qu'il y avoit d'autres individus où elle paroissoit l'être depuis long-temps ; alors le sommet de la Tige étoit desséché, en sorte qu'elle étoit terminée par deux Feuilles et deux Bourgeons.

Je pourrois m'arrêter ici pour faire remarquer beaucoup de détails importans ; mais ils seront plus faciles à observer sur des Tiges plus grosses. Il suffit de faire observer que la Moelle est la plus petite possible à la base, dans l'endroit qui correspond à la première Tigelle. L'endroit le plus large est vers le milieu ; ainsi elle va en diminuant insensiblement vers le haut, à commencer de l'endroit où elle est à l'état de Parenchyme, c'est à-dire verte.

Ainsi donc cette Graine, ou plutôt le Germe qu'elle contenoit, dont dix mille peut-être ne pesoient pas une livre, est devenu, dans l'espace de quelques semaines, au moins mille fois plus pesant qu'il n'étoit. Il a pu rester stationnaire neuf mois ; mais dès l'instant qu'il a commencé à se développer, il a été entraîné par une impulsion générale qui n'a cessé que lorsque le cours des saisons a amené un certain degré de froid.

Dès l'instant que chaque Feuille s'est développée, il a paru dans son aisselle, c'est-à-dire immédiatement au-dessus du point d'où elle paroît sortir de la Tige, une protubérance verte, très-petite dans le principe, mais qui s'est augmentée successivement en prenant une forme conique : c'est un BOURGEON. On ne pouvoit pas encore en trouver de trace, lorsque la Feuille étoit renfermée. Dans le principe, il n'y en avoit qu'un ; mais pour l'ordinaire, quelque temps après son apparition, il en paroît un second au-dessus. Nous allons le considérer comme simple. Il s'en trouve même un à l'aisselle de chacun des deux Cotylédons, et ce sont ordinairement les plus considérables, ainsi que ceux qui viennent immédiatement au-dessus d'eux.

Si nous examinons un de ces Bourgeons isolés (*Voyez fig.* f), nous verrons qu'il est composé d'écailles concaves qui se recouvrent en se croisant par paires : les deux inférieures sont les plus courtes, elles deviennent de plus en plus longues jusqu'au troisième couple : elles paroissent d'une substance cartilagineuse molle, souvent de couleur rougeâtre plus ou moins foncée. Si on les examine successivement en les enlevant (*Voy. fig.* g), on remarquera que les inférieures sont terminées par une pointe qui part d'une échancrure. (*Voy. fig.* f. 1.)

Celles du sommet se terminent par cinq lobes remarquables, quoique très-petits (*Voy. fig.* f. 2); par là il est évident que l'Écaille n'est autre chose que le Pétiole commun d'une feuille, dont les folioles avortent, vérité déjà reconnue par Malpighi. (Voy. *Anat. des Pl.*, pl. XIII.)

Lorsque ces Écailles sont totalement écartées, on aperçoit des Feuilles dont toutes les parties sont très-distinctes, quoique leurs dimensions soient très-réduites, et elles sont appliquées.les unes contre les autres ; en les séparant on aperçoit qu'elles sont rangées deux par deux, et que les deux premières, ou les inférieures, sont les plus grandes : on peut donc y reconnoître des Feuilles en miniature (*Voy. fig.* f, 3), telles que celles qui sont développées; mais le Pétiole est plus large à sa base proportionnellement, qu'il ne l'est dans la Feuille adulte. Les Folioles, ou feuilles composantes, paroissent plus étroites comparativement; mais cela vient de ce que leurs deux bords sont roulés l'un sur l'autre; si on les déroule, on reconnoîtra que leur figure est semblable à celle qu'elles auront par la suite ; mais les dents y sont plus marquées, on y reconnoît déjà les principales Nervures. Des deux côtés du Pétiole on aperçoit deux apendices particuliers, qui doivent devenir des folioles particulières ou des Stipules.

Un peu au-dessus de ce couple, on en aperçoit un autre un peu plus petit, mais conformé de même : il croise le premier à angle droit; il en est séparé par un espace très-court à la vérité, mais très-distinct et prismatique. Un peu plus haut se trouve un troisième couple encore plus petit que le second, et qui le croise pareillement à angle droit, en sorte qu'il revient perpendiculairement au-dessus du premier. On peut encore distinguer un quatrième couple, mais encore diminué dans sès dimensions : il en renferme d'autres qu'on pourroit suivre; mais ils vont tellement en diminuant dans toutes leurs dimensions, qu'ils deviennent de plus en plus difficiles à développer, d'autant mieux que toutes ces parties sont extrêmement fragiles. Mais il est facile de se convaincre que le nombre des Feuilles ainsi emboîtées échappe aux sens avant de disparoître réellement, et qu'elles ne diffèrent que du petit au grand de celles qui sont développées; et comme elles sont séparées les unes des autres par un espace prismatique proportionnel, il est évident que ce Bourgeon n'est autre chose qu'un Rameau ou une petite Tige en raccourci.

Ces Bourgeons se trouvent formés ainsi successivement dans le courant de l'été; en sorte que les inférieurs sont les plus avancés, l'automne vient, les Feuilles tombent, il ne reste plus que ces Bourgeons sur les Tiges.

Mais dès que le temps se radoucit, chaque Bourgeon se gonfle (on sait que ceux du Sureau sont des premiers à ressentir son influence), les Écailles reçoivent peu d'augmentation, mais les Feuilles en reçoivent de considérables. Bientôt on les aperçoit à travers les ecailles entr'ouvertes, elles se font remarquer par leur belle verdure; enfin, elles se manifestent en écartant toutes les enveloppes.

En peu de jours le couple *inférieur* a reçu tout l'accroissement dont il étoit susceptible, en même temps il s'est séparé, en montant de son point d'attache, d'un espace prismatique.

Le couple qui le suit se sépare également de lui, et tous prennent ainsi successivement leur accroissement. Chaque couple parvient à un maximum qu'il ne depasse plus; en même temps chaque portion intermédiaire prismatique reçoit une augmentation progressive en diamètre et en hauteur.

De ce développement il résulte donc un nouveau Rameau ou un allongement de la Tige, qui va toujours en montant, et qui présente une succession progressive de développemens.

Ainsi donc, par l'effet du printemps, tous les Bourgeons formés l'été précédent se sont développés et ont produit chacun un nouveau Scion ou Branche. La même chose arrive à tous les arbres et arbustes, au Chêne comme au Sureau; mais ce qui distingue celui-ci, c'est que les Bourgeons inférieurs, ceux même qui viennent à l'aisselle des Cotylédons, sont les plus considérables, au lieu que dans le Chêne venu de Gland, au bout d'un petit nombre de Feuilles développées la Tige se trouve terminée par un Bourgeon beaucoup plus gros que les autres. De là il arrive que le Sureau pousse, dès la surface du sol, de fortes branches latérales qui dominent celle du centre; au lieu que dans le Chêne il s'élance une Tige principale qui est toujours la dominante. J'ai déjà fait remarquer que les Racines se divisoient, dans le Sureau, immédiatement au-dessous de la surface du sol, et qu'elles couroient horizontalement; au lieu que dans le Chêne il y en a une principale qui s'enfonce perpendiculairement et devient un Pivot.

Ainsi, dans le Sureau, la jeune Plante venue de Graine développe ses Bourgeons dès les premiers jours du printemps, et six semaines ou deux mois après elle forme un Buisson composé d'un certain nombre de Rameaux. Supposez que le premier effet du printemps ait lieu au commencement d'avril, au 1er. juin le Buisson sera formé.

Si j'examine donc, à cette époque, un jeune pied de Sureau, je le trouverai composé d'une douzaine de Scions qui seront d'inégale longueur, et ils auront une grosseur proportionnelle à leur longueur. Je verrai qu'à la base ils sont revêtus d'une Ecorce grise, tandis qu'elle sera verte au sommet : elle aura une circonscription circulaire à la base, tandis qu'elle sera cannelée vers le haut; chacun des Rameaux sera composé à-peu-près du même nombre de couples de Feuilles, mais ils seront plus ou moins écartés; d'abord sur la même Branche les deux ou trois inférieurs seront rapprochés, ceux du milieu seront les plus écartés; mais en montant vers le haut ils se rapprocheront de plus en plus, enfin les derniers se toucheront.

Les Feuilles seront totalement développées et sèches vers le bas, elles seront plus succulentes vers le milieu, mais elles paroîtront parvenues à leur *maximum*; tandis que les supérieures iront progressivement en diminuant : enfin, les dernières seront absolument semblables, pour la petitesse, à celles observées dans le Bourgeon; et, comme dans celui-ci, elles échapperont aux sens, tandis que l'analogie et le raisonnement démontreront leur existence bien au-delà.

Il résulte de là qu'une Branche prise à cette époque, vers le 1er. juin, sur un Sureau quelconque, présente instantanément toute l'Histoire de son développement. Il est donc certain que le couple de feuilles le plus inférieur, et la portion cylindrique qui le porte, a été semblable successivement à chacun de ceux qui existent maintenant (seulement il peut et il doit même y avoir des variations de plus ou de moins dans les dimensions); par là il suffit donc d'examiner attentivement une de ces Branches pour se rendre raison de son accroissement.

Si on coupe un de ces Scions, qu'on le laisse exposé au grand air, et qu'on le maintienne droit, il se flétrira, c'est-à-dire que les Feuilles qui avoient une direction horizontale ou même redressée, et dont la Lame étoit ouverte, se rabattront sur la Tige et se contracteront; le sommet, vers le point où commence le vert, se courbera et se rabattra vers la Tige; l'Ecorce se contractera, en sorte que vers le bas, où elle étoit grise et circulaire, il se manifestera huit Cannelures; la contraction sera plus forte

vers le haut, et cette partie diminuera beaucoup en diamètre ; en peu de temps elle deviendra d'une fragilité
extrême , tandis que le bas conservera toute sa fermeté.

Si l'on coupe un autre Scion à-peu-près de même diamètre ; et qu'on cherche à le dépouiller de son Ecorce , on
verra qu'on le fera avec facilité, parce que celle-ci est
séparée du Bois ou corps intérieur , par une couche visqueuse , c'est le *Cambium.* Il n'y a qu'à la naissance des
Feuilles et des Bourgeons qu'on est obligé de faire des déchirures ; mais vers le haut, c'est-à-dire sur la partie verte ,
il faudra employer beaucoup de précautions , parce que le
corps intérieur qui paroîtra vert sera très-fragile ; par ce
moyen on obtiendra donc une Baguette blanche et solide
dans la majeure partie de sa longueur , mais verte et
cassante dans le haut ; elle sera circulaire dans sa circonscription , plus grosse à sa base , et elle ira en diminuant
vers le haut ; elle formera donc une espèce de cône tronqué : il n'y aura que vers les endroits d'où les feuilles sortoient , que la forme circulaire sera altérée.

J'ai représenté une de ces baguettes (*voy.* fig. h) ; mais
pour pouvoir la mettre en entier j'ai choisi une des plus
petites : on voit (fig. k et l) le tronçon d'une des plus
grosses. Je vais , sur celle-ci , faire connoître quelques
généralités. Dans le bas on aperçoit des trous par où sortent
des faisceaux qui composent les feuilles ; vers le sommet
ces faisceaux semblent être une prolongation du Bois
lui-même ; enfin , dans la partie verte , ils forment seuls
l'enveloppe du Parenchyme.

Si à présent on suppose qu'une pareille Branche ou baguette soit coupée horizontalement à différens degrés
d'élévation , au milieu des entre-nœuds et aux nœuds
mêmes , voici ce qu'on y remarquera :

Dans toute la partie blanche la surface de la coupe sera

partagée en deux par un cercle concentrique ; celui-ci renferme la Moelle déjà blanche et sèche, et l'extérieure le Bois : la Moelle paroîtra identique dans toute sa longueur, et homogène ; mais elle sera d'un diamètre beaucoup moindre à la base ; en sorte que sur la tranche la surface du Bois sera beaucoup plus considérable.

Ainsi, comme dans le calcul de la page 136, n°. 1, si le cercle total étoit supposé de 3 en diamètre, et que la Moelle fût comme 1, la masse du Bois seroit huit fois plus considérable. Plus haut, la Moelle augmente : il faut remarquer en général qu'elle est en raison directe de l'écartement des Feuilles, en sorte qu'elle est la plus large dans l'entre-nœud le plus long. C'est vers le tiers de la longueur de la baguette, à partir de la base, qu'elle est la plus longue ; mais dans toutes ces coupes la Moelle est à-peu-près circulaire.

Il n'en est pas de même sur les nœuds mêmes, c'est-à-dire à l'origine des Bourgeons ; car là elle prend une forme oblongue ou ellipsoïde.

J'ai coupé ainsi une Baguette fraîche au milieu des entre-nœuds ; j'ai pris sur chacun d'eux une petite rouelle, dont j'ai mesuré le diamètre avec un compas, et l'ai figuré exactement sur une feuille de papier ; je les ai laissé sécher et ensuite je les ai rapprochés de leur figure ; je ne me suis pas aperçu que la Moelle eût diminué de diamètre.

Voici maintenant les particularités que présente la partie verte : sa première tranche, c'est-à-dire celle immédiatement au-dessus de la partie blanche, n'est pas tout-à-fait circulaire ; elle représente un octogone un peu arrondi : la supérieure est un carré un peu comprimé ou un losange ; plus haut, c'est un carré assez régulier ; enfin celle qui est au-dessus est déjà si petite, qu'il faut s'aider d'une loupe pour reconnoître sa forme, et par son moyen on découvre qu'elle est évidemment carrée.

Ces tranches soumises à l'action de l'air se sont desséchées rapidement, et il en est résulté une contraction remarquable : la première s'est simplement comprimée, mais les autres ont formé une figure à quatre lobes arrondis (*voy*. fig. h).

La coupe à l'origine des feuilles étoit ellipsoïde, parce que là, en se prolongeant des deux côtés du grand axe, elle formoit la naissance des Bourgeons, et toute la tranche paroissoit formée d'une substance verte homogène.

Je vais passer maintenant à l'examen d'un Scion plus gros, dont on voit ici deux Tronçons (*voy*. fig. i et k). Ce n'est certainement pas le plus considérable qu'on puisse trouver ; mais comme il se rapproche du terme moyen, il est évident que, si au printemps on est à même de voir un certain nombre de pieds de Sureau, par exemple une haie, on pourroit facilement y remarquer une assez grande quantité de Scions ou Branches, qui seroient à-peu-près de même dimension que celui-ci. Que si, je suppose, on en notoit une douzaine des plus égaux possibles, et que l'on en coupât un seul pour examiner son intérieur, on pourroit supposer, sans crainte d'une grande erreur, que les onze autres seroient à-peu-près semblables aussi dans leur intérieur.

Si l'on n'en étoit pas convaincu, on pourroit en disséquer d'autres jusqu'à ce qu'on eût obtenu une pleine certitude de ce point. Si après cela on laisse croître les autres pour les examiner successivement, il semble qu'on aura une aussi parfaite connoissance de la suite des changemens qu'aura éprouvés le survivancier, comme si on l'eût disséqué lui-même. Cet examen est facile à exécuter ; mais il demande une suite d'observations prolongées pendant un certain laps de temps ; de-là il suit que tout le monde n'est pas à même de s'y livrer.

Mais le Scion lui-même, comme je l'ai dit précédemment , présente instantanément toute la série des changemens que chacune de ses parties a éprouvés. Et comme celui que je présente maintenant est d'un plus gros volume , elles y seront plus faciles à observer.

Je passe donc à l'examen d'un gros Scion , six semaines environ après le développement du Bourgeon ; ses fortes dimensions donneront plus de facilité pour pénétrer dans son intérieur. Je retrouve sur cette jeune Branche le même développement successif que sur le précédent. Je m'arrête d'abord à un couple de |Feuilles entièrement développé , mais dont la surface de l'entre-nœud est encore verte et succulente. (*voy*. fig. 1.)

Il est marqué de cannelures ou sillons ; on peut en compter huit : elles vont successivevement se perdre dans les feuilles. Si j'enlève l'Ecorce, ce qui se fait très-facilement à cause de l'abondance du suc visqueux ou *Cambium*, et que je le fasse progressivement, je mettrai, en bas, à découvert , le corps intérieur, je le verrai composé entièrement d'une substance verte succulente, mais contenue par huit bandes blanches ; je découvrirai facilement que c'est de là que proviennent les cannelures apparentes sur l'extérieur de l'entre - nœud ; enlevant progressivement l'Ecorce, je n'éprouverai de difficulté qu'à la naissance des Feuilles, parce que, là , chacune des Bandes se détachera successivement pour traverser l'Ecorce et entrer dans le Pétiole de la Feuille ; avec un peu de précaution je parviendrai à mettre au moins à découvert une partie de ces Bandes, et je verrai qu'il en entre cinq dans chaque Feuille, et qu'elles forment un V ou ⁖ à leur origine ; ainsi il se trouve donc dix Bandes ou Faisceaux , au lieu des huit que j'ai fait observer.

On découvrira facilement d'où provient cette augmentation , en continuant à dépouiller l'écorce ; car on verra

que si deux faisceaux opposés fournissent de chaque côté
la base du V, quatre latéraux donnent les intermédiaires, et les deux autres opposés, en se bifurquant,
donnent les quatre extrémités des deux V.

Pour saisir plus facilement cette distribution, je présente deux figures idéales : la première est une coupe
horizontale, où je suppose la sortie des huit faisceaux
sur un même plan, ce qui n'est pas dans la nature.
Mais on voit mieux, par son moyen, leur dépendance
mutuelle et leur origine. (*Voy. fig.* i 2.)

La seconde présente le développement de la surface
du cylindre. C'est une espèce de Panorama. On y voit
la naissance des deux feuilles ; dans l'une, les faisceaux
sont supposés tronqués dès leur naissance; dans l'autre,
ils sont représentés dans leur entier. De plus, j'ai
figuré la manière dont ils se sous-divisoient à leur
entrée dans le pétiole; ensorte que dans celui-ci sa
tranche, ou le V qu'il forme, est composée de neuf points.
(*Voy. fig.* i 3.)

Il est donc certain que dans cette paire de feuilles et
dans toutes celles qui sont au-dessus, le corps vert intérieur n'est contenu et renfermé que par les faisceaux
isolés qui doivent former successivement les feuilles.

Si l'on examine le couple immédiatement au-dessous
de celui-ci, le corps intérieur sera déjà blanc et continu ;
mais de sa substance même sortiront les faisceaux composant les feuilles.

En examinant successivement les autres couples de
feuilles, on verroit des nuances; mais pour trouver un
effet plus tranchant, il faut passer tout de suite à un
des inférieurs, celui dont l'écartement fera juger que
la Moelle doit être la plus grosse. (*Voy. fig.* k 1, 2 et 3.)

Si l'on rapproche son diamètre de la première tranche

examinée, on verra qu'il est beaucoup plus considérable. L'Ecorce, au lieu d'être verte, sera de couleur grise, parsemée de quelques protubérances éparses : sa circonscription sera circulaire ; mais suivant ce que j'ai annoncé, si on la laissoit sécher, par la contraction les huit arêtes reparoîtroient. Malgré l'aridité de la première Ecorce ou de l'Epiderme, on peut l'enlever facilement, et en-dessous se trouve une seconde enveloppe verte et succulente. Je ne m'arrêterai pas maintenant à examiner la composition de l'Ecorce ; seulement on pourra voir facilement qu'elle est plus épaisse que celle de la partie supérieure. On peut encore enlever facilement toute l'Ecorce, et mettre par ce moyen le corps intérieur à découvert ; il paroît alors entièrement homogène, et sa circonscription est circulaire aussi régulièrement que possible. On éprouveroit encore de la difficulté pour la décortication, à la naissance des feuilles. Elle y est causée, comme dans la partie supérieure, par les faisceaux qui entrent dans les feuilles ; mais on aperçoit manifestement qu'ils ne sont plus extérieurs, mais qu'ils sortent de la substance même du Bois. Au-dessus se trouve le nouveau Bourgeon dont on peut aussi dépouiller la base ; mais la substance tendre dont il est composé se casse facilement. Aidons-nous encore du secours de figures. (*Voy. fig.* k 1, 2 et 3.)

La première représente donc le Tronçon ; au lieu de la Feuille on ne voit que l'empreinte de sa base, soit qu'elle ait été arrachée, soit que cela lui soit arrivé naturellement au commencement de l'hiver ; elle forme une espèce de cœur. Mais depuis sa formation, ou telle qu'elle pouvoit être dans la première fig. k, cette empreinte n'a pas augmenté en hauteur, tandis qu'elle s'est toujours élargie.

Au-dessus se trouve le Bourgeon entièrement formé,

c'est-à-dire qu'il contient déjà la succession des Feuilles qui doivent se développer l'année suivante. Dans la première figure il commençoit à poindre, et on en trouve déjà le commencement dans les plus petites Feuilles du sommet, tandis qu'il n'y en a aucune trace dans celles qui sont renfermées dans le Bourgeon; ce n'est que dès qu'elles paroissent au grand air qu'il se manifeste. Ainsi on voit donc aussi la formation successive de cette partie dans l'ensemble du Scion. Il est à l'état d'embryon dans le haut, et entièrement formé vers le bas.

Ordinairement dans le Sureau il s'en manifeste un second, peu de temps après l'apparition du premier, immédiatement au-dessous; plus rarement il en paroît encore deux latéraux, comme dans le Pêcher, ensorte qu'il se trouve un groupe de quatre Bourgeons. Mais pour plus de simplicité, je n'en ai représenté qu'un. Au bout de six semaines d'existence il est déjà parvenu à son maximum d'accroissement, qu'il conservera jusqu'à son développement le printemps suivant.

Il faut jeter ici les yeux sur une autre idéale de coupe horizontale, dans laquelle la sortie des faisceaux composant les feuilles est supposée dans le même plan. On voit d'un côté la continuité des faisceaux dans le Pétiole de la Feuille, tandis que de l'autre elle est supposée détachée par la chûte autumnale. (*Voy. fig.* k 2.) Il est clair que les faisceaux se romperont immédiatement à la superficie du corps ligneux, et qu'il restera un trou dans l'Ecorce, et par conséquent cinq à chaque vestige de Feuilles.

Passons maintenant à la seconde figure idéale. C'est encore un Panorama de la superficie du corps ligneux. (*Voy. fig.* k 3.) On voit donc au vestige de la Feuille persistante les faisceaux sortant du corps ligneux pour entrer dans le Pétiole. J'y ai encore représenté leur seconde manière de se diviser pour former neuf faisceaux secondaires. La seconde Feuille est encore représentée tombée; en sorte qu'on n'aperçoit que les sommets tronqués des faisceaux. Ils émergent donc de la substance ligneuse ; c'est-elle qui les recouvre : ils reparoissent en bas ; en enlevant cette couche ligneuse , on pourroit les retrouver dans leur entier.

Ici donc se trouve une différence notable entre les deux tronçons ; car les bandes ou faisceaux étoient extérieurs dans le premier , se trouvant immédiatement au-dessous de l'Ecorce ; au lieu qu'ici ils s'en trouvent séparés par cette couche intermédiaire ; et comme il est évident que dans leur origine ces deux portions étoient semblables , il s'ensuit que cette couche a dû se former dans l'intervalle qui s'est écoulé depuis le premier développement du Bourgeon. C'est , comme je l'ai avancé , environ six semaines avant le moment où je suppose que se fait cet examen. Mais d'où vient-elle ? Nous allons en voir ici une des sources : au-dessus de la Feuille tombée se trouvent l'un sur l'autre deux vestiges ovales ; c'est la base des Bourgeons qui s'y trouvoient. Ce sont deux espèces de proéminences , d'où il part, en rayonnant, des Fibres. Les inférieures descendent en ligne droite et traversent perpendiculairement le morceau de Bois. Celles qui sont à côté, après avoir suivi un instant une direction oblique ou un rayon , se rabattent pour suivre le même chemin : toutes les autres font la même chose successivement ; en sorte que dès qu'elles sont dégagées de leurs voisines, elles gagnent la perpendiculaire. Rencontrent-elles les faisceaux des Feuilles, elles se détournent; mais elles reprennent leur première direction dès que cela leur est possible. Le Bourgeon ou les Bourgeons de l'autre feuille ont suivi la même marche. Ainsi voilà donc l'origine d'une partie de cette couche ligneuse de trouvée. Les Feuilles supérieures ou développées postérieurement ont produit le même effet; en sorte donc que dans cette couche ligneuse interposée, une partie vient des propres Bourgeons qui s'y sont développés au-dessus de chaque feuille, une autre vient des supérieurs (1).

Mais ce n'est pas tout encore, j'ai dit que dans le couple qui étoit immédiatement au-dessous du premier examiné, les faisceaux qui composoient les feuilles, paroissoient homogènes avec le Bois, et même sortir de sa substance. Ainsi il semble que chacun d'eux a fourni aussi quelque chose à cette nouvelle couche.

Dans les premiers instans où j'ai développé mes idées sur la Végétation, j'ai attribué aux Bourgeons seuls la formation du Bois; mais j'ai reconnu depuis que les Feuilles en fournissoient elles-mêmes une certaine quantité. Au moment du développement, tous les faisceaux ne paroissent composés que de Trachées-spirales; mais ensuite ils se trouvent recouverts de fibres simples ou ligneuses qui se sont donc formées depuis. Ainsi, la couche ligneuse existante sur le Tronçon qui fait le sujet de l'examen actuel, est formée de Fibres ligneuses, fournies 1°. par les Feuilles et les deux Bourgeons qui s'y trouvent, 2°. par celles qui viennent des Feuilles et des Bourgeons supérieurs. Ainsi les unes de ces Fibres ont leur origine dans le tronçon même, mais elles se rendent visiblement plus bas; les autres traversent et viennent d'en haut et vont également plus bas.

____

(1) Cette manière d'envisager la formation des Fibres qui partent des Bourgeons et composent la couche annuelle ligneuse, est entièrement semblable à celle que j'ai attribuée à quelques Plantes monocotylédones, ainsi que je l'ai exposé dans mon premier Essai sur la Végétation, en prenant pour exemple les *Dracæna*, ou Bois-chandelles.

Comme je l'ai dit déjà, dès l'instant que chaque Feuille a commencé à se développer, il a paru dans son aisselle une protubérance qui n'étoit autre chose qu'un Bourgeon; son intérieur, coupé horizontalement, paroissoit être continu avec le corps intérieur ou parenchyme vert.

Comme toutes les parties qui composent le Scion, il se trouve sur toute la longu ur instantanément dans tous les états de perfection par lesquels chacun d'eux a passé ou doit passer. Ainsi il est entièrement formé en bas, tandis qu'il ne fait que paroître dans le haut.

Il est donc dans le même état qu'il étoit lorsque je l'ai décrit sur la plante sortant immédiatement de la Graine.

Mais si l'on examine son origine, il ne paroîtra plus en communication directe avec la Moelle; car, sur les couches horizontales et verticales, il paroît en être séparé par la couche ligneuse; ce n'est qu'une apparence qu'un examen très-léger suffit pour faire disparoître. Par son moyen on reconnoîtra que la substance verte parenchy-mateuse à la naissance de ce Bourgeon, au lieu de se dilater en utricules, comme dans la Moelle, est restée grenue et blanche. (*Voy. fig.* m et *fig.* h 3, et *fig.* g **2**).

Ainsi, dans le Scion ou jeune Branche renfermée dans le Bourgeon, le corps intérieur ou parenchyme, destiné à devenir la Moelle, est continu avec celui de la Branche qui l'a produit.

Chaque couple de feuille est séparé du supérieur par un espace cylindrique, composé de cette substance qui doit former, par son évolution, tout le corps médullaire. Il est contenu d'abord par les huit faisceaux qui com-posent les feuilles, ensuite par la couche ligneuse.

Voilà donc en quoi consiste le développement de la Moelle depuis son origine, c'est-à-dire le moment où elle est perceptible aux sens. Le Scion qui fait le sujet de cet examen la montrera, dans sa longueur, dans tous les états par lesquels elle a passé ou doit passer.

Ainsi sa coupe longitudinale (*fig.* e 2) la représente formant à sa base un cône tronqué peu apparent, appuyant son sommet sur la Moelle de l'année précédente ; elle va en se dilatant insensiblement vers le tiers de la longueur ; elle se soutient quelque temps à ce maximum, ensuite elle décroît insensiblement. Jusque-là elle étoit blanche et sèche, mais à mesure qu'elle approche du sommet elle devient succulente avec une teinte verdâtre ; les sucs augmentant, en même-temps la couleur devient plus intense.

Elle étoit Moelle dans le bas et elle est Parenchyme vers le haut ; en même-temps elle diminue insensiblement de diamètre, et elle se trouve réduite dans le haut aux dimensions qu'elle avoit dans le Bourgeon ; sa circonscription est circulaire dans le bas, c'est-à-dire lorsqu'elle est Moelle, excepté aux points d'où sortent les feuilles ou les Bourgeons, car là elle est ovoïde. Mais à mesure qu'elle devient Parenchyme ou succulente, cette circonscription devient polygonique ; ainsi, dans le bas elle est octogone ; plus haut, elle est carrée, enfin rhomboïdale ou en losange vers les extrémités.

De là il suit que c'est sous l'état de Parenchyme qu'elle prend ses accroissemens ; elle est réduite au plus petit espace possible dans le Bourgeon. C'est par une marche progressive qu'elle parvient à son plus grand développement ; mais ce n'est que lorsqu'elle est parvenue à l'état de Moelle qu'elle arrive à son *maximum*.

Chacun des intervalles qui séparent chaque feuille a donc eu son représentant dans le Bourgeon ; c'étoit un petit tronçon qu'on peut regarder comme prismatique. Par la végétation il a acquis de grandes dimensions dans tous les sens, c'est-à-dire une Elongation verticale et une Dilatation horisontale : par la première il est parvenu à une certaine longueur; dès qu'il y est arrivé il ne l'a plus dépassé; par la seconde, il a acquis un diamètre considérable qui s'est arrêté pareillement à un certain point.

Il étoit déjà contenu par les représentans des huit faisceaux; mais ceux-ci ont eu aussi des développemens inégaux. Ainsi les deux opposés qui répondoient au milieu des deux feuilles immédiates ou formant les pointes du **V**, se sont écartés le plus et sont parvenus à leur plus grand écartement les premiers, ensuite les deux autres qui les croisent, de-là la forme quadrangulaire, d'abord rhomboïdale et ensuite carrée.

On a vu que lorsqu'elle est dans cet état, si elle est exposée à une dessication prompte, elle forme une figure à quatre lobes; cela vient de ce que le milieu de chaque côté du carré est porté en dedans pour rétrécir l'espace; de même, si celui-ci éprouve de l'augmentation, pour y obéir ce même milieu des côtés se porte en dehors; de-là la forme octogonale; chacun des quatre nouveaux angles qui se forment alors, provient donc des faisceaux intermédiaires; enfin, la dilatation continuant, le milieu des nouveaux côtés cède toujours à la pression interne, et il résulte de ces mouvemens la forme circulaire; en sorte que cet intervalle a formé successivement un parallélipipède, d'abord rhomboïdal, ensuite carré; de là il est devenu un prisme octogonal, enfin c'est un cylindre.

Si l'on suppose que dans ces différens états prismatiques la base ou tranche de la Moelle a été un polygone inscrit au même cercle ou à la base du cylindre, il est clair que sa surface a toujours été en augmentant, et que ce n'est que dans ce dernier état qu'elle a acquis sa plus grande étendue.

Mais la substance même de ce corps intérieur subit des changemens qui sont pareillement progressifs. Ainsi dans le parallélipipède et le prisme, c'est une substance verte et succulente ; et elle n'est blanche, sèche, et en un mot véritable Moelle, que lorsqu'elle est cylindrique. Il est donc évident que ce n'est que dans cet état qu'elle a acquis toute la dilatation dont elle est susceptible.

Mais ne pourroit-elle pas parvenir à un maximum dans son état succulent, et décroître alors ? Il est évident que cela ne pourroit arriver sans que la circonscription ne s'en ressentît, comme cela arrive dans la dessiccation rapide. Comme dans ce cas, elle repasseroit par les figures octogonale, carrée et losange, et enfin elle se contracteroit. Si cela étoit, on s'en apercevroit facilement à l'extérieur par un gonflement qui auroit lieu dans la partie supérieure au moment où elle se développeroit ; c'est ce qui n'arrive jamais.

Cependant il est certain qu'il y a un moment où le troisième ou quatrième entre-nœud est plus renflé que ceux qui sont au-dessous ; mais ensuite ils conservent toujours leur supériorité sur ceux qui se développent au-dessus d'eux. On retrouve aussi toujours la Moelle de ces entre-nœuds inférieurs, moins grosse ; cependant ils finissent par acquerir, à l'extérieur, un diamètre au moins aussi gros, à cause de la plus grande épaisseur de la couche ligneuse qui les recouvre.

Si l'on vouloit maintenant pénétrer plus avant dans la formation de la Moelle, et qu'on adoptât l'explication que j'en ai donnée, voici la manière dont on la concevroit :

Chaque Utricule étant composé d'un grain détaché dans le principe, qui se gonfle par l'action de la Végétation, chacun d'eux tend à devenir une sphère; mais comprimé de tous les côtés par ses voisins, il devient un polyèdre. Chacun d'eux est une vessie d'abord pleine d'un suc aqueux. Si dans cet état on l'expose à l'action immédiate de l'air, en coupant la branche, l'humidité s'évapore rapidement, mais rien ne la remplace; alors l'utricule s'affaisse sur lui-même; de-là la contraction qu'éprouve le Scion coupé. Mais si les sucs sont enlevés plus lentement par l'effet de la Végétation, soit qu'ils servent, comme je le présume, à la première nourriture du Bourgeon, soit par telle autre cause qu'on pourra imaginer, ils pourront être remplacés par un *Fluide aériforme*, et c'est ce qui arrive réellement; alors ce Fluide étant élastique résiste à toutes les pressions latérales. Ainsi les Fibres ligneuses, foibles dans leur origine, sont obligées de se mouler sur le corps parenchimateux intérieur, sans être alors en état d'agir sur lui.

Si on vient à l'examen du *Corps ligneux*, on verra évidemment qu'il se forme insensiblement de la base au sommet : il a déjà acquis une assez grande épaisseur vers le bas, que son existence n'est pas encore sensible dans le haut. Comme je l'ai dit, une partie est fournie par les faisceaux des Feuilles, et l'autre par les Bourgeons. Jusqu'à présent je ne peux encore que soupçonner que ces deux portions sont de nature différente, et que de là naît la différence qu'on remarque dans les couches annuelles; mais je n'ai pu encore m'en assurer positivement.

La portion qui provient des Bourgeons est la plus considérable et la plus facile à observer. Lorsqu'on a dépouillé la Branche, on voit, comme je l'ai figuré, l'origine des Fibres qui composent la base du Tronc ou des Bourgeons; mais si on les observe avec plus de soin, on s'apercevra qu'ils montent plus haut et que leur pro-

longation forme déjà le commencement des huit faisceaux qui entrent successivement dans les embryons des
feuilles; mais ici il faudroit, pour les suivre, employer des
dissections très-délicates et se servir de verres grossissans.

En redescendant, on aperçoit facilement leur continuité jusqu'à la Tranche qui sépare la Branche, c'est le
point où ils sont les plus nombreux, c'est ce que témoigne
l'épaisseur de la couche ligneuse ; ainsi déjà la Moelle
se trouve revêtue à cette partie d'une couche assez épaisse
pour la comprimer si elle devoit en recevoir un pareil
effet, mais rien n'annonce qu'il a eu lieu.

Si la Branche n'eût pas été coupée, on auroit pu suivre
plus bas la continuité des Fibres et apprendre par là où
elles se rendent ; mais ce sera en suivant le développement des nouveaux Bourgeons qu'on y parviendra.

L'hiver survenant, les feuilles tombent et l'effet décrit
précédemment a eu lieu, c'est-à-dire que les faisceaux de
fibres se sont rompus à la superficie du Bois, et qu'entraînées par la chûte, elles laissent un trou dans l'Ecorce.
Celle-ci n'étant plus séparée du Bois par le Cambium, se
serre contre lui et y adhère assez fortement, ensorte que
tant que dure le froid et que le thermomètre descend
au-dessous d'un certain degré, on ne peut les séparer.

Mais dès que le printemps se fait sentir, en développant
les Bourgeons, l'Ecorce se détache et la couche du Cambium se forme ; aux vestiges des feuilles on remarquera
toujours le sommet des faisceaux et les trous correspondans de l'Ecorce. Chacun des Bourgeons reproduit le
même effet examiné précédemment, c'est alors qu'on
peut apercevoir facilement la continuité des fibres qui
composent les faisceaux, ou l'Etui tubulaire, qui se rendent
successivement dans les Feuilles.

Tous les phénomènes précédemment décrits ont lieu,

c'est-à-dire qu'il y a une augmentation successive dans les parties qui composent le Bourgeon et qu'il se change en Scion semblable à celui que nous venons d'examiner dans l'espace de six semaines; mais il adhère à celui de l'année précédente. Celui-ci ne reçoit aucune augmentation en longueur; mais il n'en est pas de même en épaisseur, car il en acquiert visiblement une considérable.

Les vestiges des feuilles en fourn issent une preuve évidente, car sur le Bois les sommets des faisceaux ne sont plus apparens (*Voy. fig.* l.): il y a bien une légère dépression, mais elle est formée par des Fibres continues. Si on les enlevoit, on retrouveroit dessous les faisceaux tels qu'ils étoient au commencement de l'hiver précédent. Il sera facile de voir que ces nouvelles Fibres se prolongent en montant, et qu'étant absolument semblables à celles dont j'ai suivi le développement précédemment, on retrouveroit l'origine de celles-ci à la base des Bourgeons nouveaux.

En redescendant, on retrouvera toujours la même continuité; on parviendra, en la suivant, jusqu'à l'extrémité d'une des Racines. Sur la superficie intérieure de l'Ecorce on apercevra que les trous qui correspondoient aux vestiges des faisceaux seront comblés, et on reconnoîtra encore évidemment que c'est par le passage d'une couche de Fibres; on les verra pareillement commencer d'un côté sous les nouveaux Bourgeons, et de l'autre se perdre vers le bas.

Voilà donc deux couches, l'une ligneuse, l'autre corticale, qui se sont formées évidemment dans l'espace de six semaines, et comme il se trouvera toujours une couche visqueuse, ou de Cambium, interposée, il est manifeste qu'elles ne peuvent venir l'une de l'autre.

Dans un fort pied de Sureau, à cette époque, il pourra se faire que toute la crue annuelle étant achevée, il ne recevra plus d'autre augmentation; mais dans les autres ils continueront à croître, et quelques-uns se prolongeront jusqu'à ce que les premiers froids viennent pincer l'extrémité du Scion ; mais les progrès que feront ceux-ci seront très-peu considérables. Ils se manisfesteront au-dehors, d'abord par l'écartement des Feuilles, ensuite par l'augmentation du diamètre. Au printemps, huit jours suffiront pour que les premières Feuilles parviennent à leur maximum d'élongation ; tandis que plus tard il faudra plus d'un mois. Il en sera de même en grossissement : l'un et l'autre seront toujours en rapport direct.

Les vestiges des Feuilles nous présenteront donc des témoins irrécusables, qui attesteront qué dans l'espace de six semaines il s'est formé une nouvelle couche de Bois et une d'Ecorce ou de Liber. Par les observations de l'année précédente, que l'on peut renouveler celle-ci, j'ai prouvé que la source de cette couche venoit en partie des nouvelles Feuilles et en partie des nouveaux Bourgeons. Où se rend-elle ? Pour l'apprendre il suffit de prolonger la Décortication jusqu'en bas. Par là on verra que cette couche est continue et se distribue sur les Racines précédentes, et qu'elle s'étend jusqu'à leur extrémité.

Parvenues là , elles déterminent la sortie de nouvelles racines qui vont toujours en diminuant jusqu'à ce qu'elles finissent par former de nouveaux Chevelus.

A la base de chaque Bourgeon on aperçoit distinctement un point d'où part un faisceau de nouvelles Fibres. C'est en vain qu'on chercheroit rien de pareil dans les Racines, on voit qu'elles tendent à s'éparpiller de plus en plus. Je me contenterai de renvoyer à ce que j'ai dit au sujet de la Circoncision ou de l'enlèvement d'un Anneau d'écorce (*Voy.* pag. 76) ; car elle démontre que le mouvement qui détermine les nouvelles Fibres vient d'en haut. Les Marcottes (*Voy.* plus haut, pag. 58) démontrent également que leur but est de former de nouvelles Racines.

Il reste maintenant à examiner l'effet que doit produire le passage des nouvelles parties sur les anciennes. Il est certain que la Couche de bois et la Moelle de l'année précédente se trouvent recouvertes par la couche des nouvelles Fibres ligneuses et corticales ; mais ne doivent-elles pas en éprouver une pression capable de les contracter ? Il paroît que c'est un sentiment assez généralement adopté. De là vient, dit-on, la différence qu'il y a entre le *Cœur du bois* et l'*Aubier*. Ces deux parties paroissent bien distinctes dans quelques Arbres, comme le Chêne et sur-tout l'Ebénier ; mais ce sont des cas particuliers qu'on a trop généralisés, et je pense qu'il y a un plus grand nombre d'arbres sans Aubier que de ceux qui en ont. Je crois que le Sureau est dans le premier cas, tout son bois paroissant homogène.

Examinons cependant ce qui doit se passer dans la formation de la nouvelle couche de bois. Pour qu'on pût la regarder comme susceptible d'exercer une pression sur l'intérieur, il faudroit la supposer tout de suite dans son état solide ; mais ce n'est pas ainsi qu'elle se présente : dans son origine ses commencemens sont imperceptibles, d'abord toutes les Fibres qui la composent sont fluides, ce n'est qu'insensiblement qu'elles se solidifient en devenant mucilagineuses. Ce n'est donc que dans cet état de mollesse qu'elles agissent sur un corps solide, formé depuis dix mois ; mais ce corps, dira-t-on, présente des espaces vides, puisque ce n'est qu'un assemblage de tubes de différentes grosseurs ; oui, mais ils sont gorgés de sucs très-liquides, ou gonflés de fluides élastiques qui doivent résister fortement à la pression, et d'ailleurs la nouvelle couche une fois formée on observe les mêmes vides dans l'ancienne. Il est donc évident que les Fibres nouvelles ne peuvent, par leur passage, comprimer les anciennes.

Mais si elles ne peuvent être comprimées, il en sera de même de la Moelle, puisqu'elle est fortement protégée par la voûte circulaire que forment autour d'elle ces Fibres.

Mais cependant on sait, par des expériences souvent destructives, que les Racines qui s'insinuent dans les fentes des rochers ou dans les jointures des murailles, se dilatent avec une telle force, qu'elles finissent par les renverser. Ceci prouve que toute la force expansive se porte du dedans au dehors et qu'elle a une grande énergie dans ce sens; elle n'a donc pas de peine à vaincre le peu de resistance qui lui est opposée par l'Ecorce dans le cours ordinaire de la nature. Celle-ci est disposée pour y céder facilement, ce qui mène à considérer l'effet que doit produire l'augmentation en diamètre sur cette Ecorce. Ici, par exemple, on ne peut douter que cet effet ne soit très-sensible.

On a reconnu que dans certains arbres, comme le Tilleul, les Fibres corticales se trouvoient agglutinées par un point, de distance en distance, avec leurs voisines; qu'il arrivoit de là qu'elles pouvoient se prêter facilement l'augmentation produite par les nouvelles couches de Bois et d'Ecorce (c'est en s'écartant l'une de l'autre vers le milieu des fentes), et que de cet effet il en résultoit des mailles de réseau, d'abord oblongues, ensuite carrées.

On a cru pouvoir déduire de cette observation une règle générale, et de là est venu le Tissu réticulaire qui joue un si grand rôle dans les Traités d'Anatomie végétale; mais le fait est que, comme pour l'Aubier, il n'y a qu'un certain nombre d'Arbres dans lesquels l'Ecorce se prête à la dilatation par la *Réticulation* du Liber; car dans beaucoup d'autres, comme l'Hipocastane et l'Orme, les fentes restent toujours telles qu'elles ont été formées, c'est-à-dire très-petites; en sorte que je ne sais pas encore bien précisément comment elles obéissent à la dilatation. Il en est quelques-uns qui emploient un moyen bien simple, c'est de se dépouiller tous les ans de toute leur écorce, telles sont la Vigne, le Chèvrefeuille, etc. Pour en venir au Sureau, les Fibres de son Liber sont si menues, qu'on peut difficilement suivre leurs changemens; en sorte que je ne peux encore dire que par conjecture, qu'elles se prêtent à la dilatation en se réticulant.

Reste à considérer l'Epiderme. Il est à l'extérieur. C'est donc le plus facile à examiner, et, de plus, on peut le faire sans attaquer la vitalité de la plante. Cependant, jusqu'à présent on n'avoit eu que des connoissances très-vagues sur sa formation et sa réparation. J'ai démontré que dans tous les Arbres il se renouveloit tous les ans par la dessiccation du parenchyme vert qui se forme sous lui; que dans les uns l'ancien se détachoit et tomboit; que dans d'autres la nouvelle couche s'agglutinoit aux anciennes, mais en formant des croûtes crevassées, tandis qu'elle restoit lisse dans les autres.

Dans le Sureau ancien l'Epiderme se crevasse visiblement et se déchire en lambeaux, qui restent adhérens à la superficie; ils y forment une espèce de Réticulation. Que sur une Branche horizontale on mesure la largeur de ces lambeaux, on verra que leur somme correspondra encore au diamètre qu'avoit le Scion au commencement du printemps. En l'examinant avec une simple loupe, on reconnoîtra que sa superficie est aréolée d'une manière particulière. Au-dessous se retrouve donc un nouvel Epiderme d'une seule pièce; il est simple dans les crevasses, mais double dans les autres parties. Immédiatement au-dessous se trouve le Parenchyme vert, formant aussi une pièce continue. Il a été remarqué par les anciens Botanistes, parce que, sous le nom de *Medianus*, il passoit pour un puissant remède.

L'Epiderme est donc la partie extérieure des plantes; toujours présente à notre vue, elle devroit être parfaitement connue; cependant jusqu'à présent on n'a pas fait la moindre attention à son développement. J'ai jeté çà et là quelques particularités sur ce sujet dans mes *Essais*; mais comme toutes les autres vérités que j'y ai consignées, elles y restent ensevelies. J'en ai recueilli quelques autres, qui pourront peut-être un jour mener à des résultats plus certains. En attendant, voici de nouvelles observations à ce sujet qui me paroissent dignes d'attention.

Au commencement du mois de septembre dernier (1813), j'ai coupé une tige ou Scion de Sureau à Grappe de quatre pieds et demi de haut, garnie de seize couples de feuilles développés, c'est-à-dire parvenus à leur dernier degré d'écartement; quelques autres tendoient encore à se développer, en sorte que sa pousse n'étoit point encore arrêtée.

J'ai pris une bande de papier d'un pouce de large; l'appliquant et la roulant vers le milieu de l'entre-nœud inférieur, j'ai pris, par ce moyen, la mesure de sa circonférence; je l'ai marquée avec un crayon, puis j'ai circoncis l'Ecorce aux deux extrémités de la bande; ensuite la fendant en long sur un côté, je l'ai détachée. J'ai donc obtenu une bande de la hauteur d'un pouce sur une largeur que j'ai mesurée; je l'ai mise tout de suite dans un livre, pour l'empêcher de se rouler. J'ai passé successivement aux autres entre-nœuds, d'où j'ai enlevé de la même manière des bandes d'un pouce de haut et d'une largeur qui alloit en diminuant vers le haut; dans toutes ces bandes le Liber et l'Epiderme s'enlevoient ensemble d'une seule pièce. On pouvoit bien détacher quelques lambeaux d'Epiderme, mais l'ensemble adhéroit.

Parvenu au septième entre-nœud, à peine ai - je eu

fendu en long l'Ecorce, que l'Epiderme s'est détaché des deux extrémités; et dès que la Bande d'écorce a été enlevée, l'Epiderme s'étoit séparé tout d'une pièce du Liber, et on apercevoit qu'entre les deux il se trouvoit interposé une couche humide, et sa surface étoit d'un beau vert.

Mais à peine les deux ont-ils été séparés, j'ai voulu les rapprocher l'un de l'autre pour les remettre dans leur situation naturelle, ils ne s'accordoient plus en largeur: la hauteur étoit restée la même; mais l'Epiderme étoit de plus d'un cinquième plus long. Rapprochant l'un et l'autre de leur place, j'ai vu que l'Epiderme n'avoit pas diminué sensiblement, tandis que le Liber s'étoit contracté d'une manière remarquable, mais seulement comme je l'ai dit, en hauteur. J'ai mis en presse l'un et l'autre tout de suite dans le livre; l'Epiderme sur-tout avoit besoin d'être comprimé sur-le-champ, parce qu'il tendoit à se rouler sur lui-même. J'ai passé successivement aux autres entre-nœuds; il y a toujours eu la même séparation instantanée des deux parties, inclusivement jusqu'au quinzième entre-nœud; celui-ci étoit vert, et l'Epiderme s'y trouvoit déjà si mince, que j'ai eu peine à le conserver entier.

Mais au seizième je n'ai pu séparer l'Epiderme que par lambeaux. Plus haut, toutes ces parties étoient si délicates, que je n'ai pu détacher l'Ecorce qu'en brisant le corps intérieur, ou Parenchyme.

J'ai conservé cette baguette ainsi décortiquée par intervalles, et j'ai rapproché, à différentes époques, les pièces que j'en avois détachées. Par là, et d'après la comparaison des mesures que j'avois prises, j'ai vu que le Liber étoit parvenu presque tout de suite à son plus grand degré de contraction en travers, mais qu'il n'en a point subi en hauteur, en sorte qu'il s'est toujours accordé dans cette dimension. L'Epiderme, au contraire, n'en a jamais subi en largeur, tandis qu'il en a éprouvé un, léger à la vérité, en hauteur.

J'ai voulu tout de suite faire des essais comparatifs avec d'autres Arbres, mais la saison étoit trop avancée ; je suis donc obligé d'attendre à l'année prochaine pour continuer cette expérience, et ce ne sera qu'alors que je pourrai me hasarder à en tirer une conclusion.

Voilà donc les Phénomènes qui ont lieu la seconde année de la formation du Sureau. La troisième est préparée dans les Bourgeons; ceux-ci se développant produiront le même effet, ensorte qu'une troisième couche de bois sera déterminée. Une quatrième aura encore lieu l'année suivante. Ces effets se feront sentir particulièrement sur toutes les Branches qui seront sorties de la Plantule, en sorte qu'elles devroient être semblables; mais des accidens et des circonstances dont on ne peut tenir compte, seront cause que dès la première année tous les Bourgeons ne seront pas également forts. La seconde, les Scions qui en proviendront seront pareillement inégaux. Il en résultera que les uns auront une Moelle très-large, et qu'elle sera étroite dans d'autres; mais celle de la partie qui devra son origine à la Plantule sera encore bien plus petite. Ces différences doivent donc se trouver dans toutes les Branches, et il sera impossible d'en rencontrer deux parfaitement égales.

Si l'on coupe l'Arbuste au niveau du terrein, on doit être sûr de n'y trouver qu'un filet de Moelle à peine visible. Il en sera de même de tous les Sureaux qui seront venus de Graine : on peut en voir un exemple à la figure (o). Elle représente le bas de la Tige d'un Sureau de quatre ans que j'avois laissé venir sur une seule tige ; mais comme il gênoit, j'ai été obligé de le faire abattre. Les quatre cercles concentriques circonscrivent les accroissemens de chaque année : ils sont fort irréguliers ; le premier est très-mince , on en sent facilement la cause : il suffit de voir sa naissance dans la figure (c).

Il est évident que chaque année ramenant le même concours de circonstances , doit produire le même effet. Ainsi donc, chaque renouvellement de la végétation , la jeune plante de Sureau a acquis une couche ligneuse de plus. Il est encore évident que plus elles se sont éloignées du centre , moins elles ont dû être en état d'agir sur lui , et que par conséquent il n'y a aucune cause physique qui puisse contracter la Moëlle , une fois qu'elle est parvenue à son plus grand degré d'accroissement.

Ainsi, si je suppose qu'en 1797 on eût semé un certain nombre de graines de Sureau, et que chaque année on les eût éclaircies, on auroit eu successivement des arbustes plus forts. En 1799, on eût obtenu des individus semblables à la figure (c), c'est-à-dire qu'ils auroient eu le même nombre de couches : mais tout porte à croire qu'il n'y en auroit pas eu deux où elles eussent été d'égale épaisseur ; enfin, en 1810, c'est-à-dire treize ans après , on en auroit eu qui eussent pu ressembler au Morceau de Bois figuré. Mais le diamètre de la moëlle s'y seroit trouvé beaucoup plus petit : peut-être que si on eût pris une branche plus haut, on en auroit trouvé qui en eût approché davantage ; mais il s'y seroit trouvé une couche ou deux de moins.

C'est donc après ces préliminaires que nous pouvons revenir directement à l'*Histoire du Morceau de Bois*.

Ainsi, en 1810 , époque à laquelle cette souche a été coupée, la pousse annuelle a été la plus étroite : elle a été quelquefois trois ans de suite à-peu-près égale ; mais c'est en 1800 qu'elle a été la plus forte. En 1799, au mois de septembre, elle étoit semblable à la figure (n) ; un an auparavant , 1798 , elle étoit semblable à la figure (l).

A l'époque où elle perdoit ses feuilles, au mois de novembre de la même année, elle étoit semblable à la figure (k), et au mois d'Avril, où elle les prenoit, elle se rapportoit à la figure (i) ; mais au mois de février elle étoit renfermée dans un Bourgeon semblable à (f), et elle y étoit semblable à la branche ; mais ce Bourgeon avoit commencé à poindre l'année précédente, 1797, vers la fin du mois de mars. C'est donc là l'époque où il a commencé à être perceptible aux sens. Mais actuellement il est visible que ce Bourgeon ne pouvoit venir directement de la Graine, c'est-à dire de la Plumule, car la Moelle y eût été bien moins large. Ainsi il auroit fallu au moins qu'elle eût été semée un an auparavant, en 1796.

Maintenant il faut considérer qu'il y a un autre moyen de propager le Sureau, et qui est le plus usité ; c'est en fichant en terre des tronçons de Branches, c'est-à-dire, en faisant des Boutures. Rien ne peut indiquer laquelle des deux manières avoit donné lieu à ce *Morceau de Bois.*

En outre, rien n'indique à quelle hauteur au-dessus du sol a été prise cette tranche, en sorte qu'elle pourroit appartenir à une souche beaucoup plus ancienne.

Ainsi, quelques années écoulées, trois lustres à peine causent déjà tant d'incertitude dans l'origine de ce Morceau de Bois ; que sera-ce donc si l'on veut remonter de génération en génération, jusqu'au premier pied de Sureau qui ait existé ? Il faudroit d'abord répondre à cette question : Dans quelles contrées a-t-il paru pour la première fois ?

Ainsi il faudroit commencer par comparer ses rapports avec les lieux ou sa Géographie, avant d'en venir à ceux des temps ou de sa Chronologie.

Cet arbuste s'est trouvé répandu dans une grande portion du Globe ; d'abord dans toute l'Europe, du nord au sud, depuis la Suède jusqu'en Portugal ; de l'ouest à l'est, depuis les Iles Britanniques jusques dans la Sicile et la Grèce : il paroît habiter dans toute la partie tempérée du nord de l'Asie jusqu'en Chine, et au Japon. Il s'est re-trouvé dans l'Afrique septentrionale, au pied du mont Atlas ; mais il paroît qu'il n'a pas pu se répandre au-delà, ne pouvant supporter un trop grand degré de chaleur ; de même que l'excès du froid ne lui a pas permis de s'éle-ver jusqu'en Laponie. Il s'est donc trouvé dans toute la Zone tempérée boréale de l'ancien continent.

Il auroit pu également se propager dans celle du Nou-veau Monde. Effectivement il s'y trouve une espèce de Sureau qui ne diffère que par des caractères si légers de celui de notre pays, qu'on est encore dans l'indécision si on doit en faire une nouvelle espèce ou une simple va-riété. Transporté à l'Ile-de-France, il y végète très-foi-blement et ne fleurit jamais.

Voilà donc ce que la Géographie présente de plus im-portant sur le Sureau : sa Chronologie sera encore moins étendue. Il est certain qu'il existoit du temps de Théo-phraste et de Dioscoride, c'est-à-dire il y a environ deux mille ans ; car il est du petit nombre des plantes que l'un et l'autre ont décrites, de manière à pouvoir être reconnues avec certitude ; mais au-delà on ne trouve plus de ren-seignemens : cependant tout porte à croire qu'il existoit alors depuis une longue suite de siècles.

Mais à telle époque qu'on remonte, on sera obligé de présumer qu'il y a eu un premier moment où il a com-mencé à exister, que cela n'a été que sur un seul point, et que de là il s'est répandu sur tous les autres où il existe maintenant. Que son commencement soit venu d'une Graine, ou d'un Arbuste déjà tout formé, peu importe, il est facile de voir qu'en peu de temps il auroit pu s'étendre, et que dans l'espace d'un siècle, si rien ne se fût opposé à sa propagation, il eût pu couvrir toutes les parties du Globe. Mais d'un côté les autres plantes lui ont disputé le terrain, et il s'est établi entre elles une sorte d'équilibre; de l'autre, l'Homme conquérant la terre par l'Agriculture, a tendu à le diminuer, le faisant disparoître des lieux qu'il cultivoit; aussi l'expérience lui ayant appris qu'il pouvoit lui être de quelque utilité, il l'a propagé, et l'a employé à différens usages.

Son premier acte de prise de possession a été de lui imposer un nom : c'étoit *Acté* chez les Grecs, *Sambucus* chez les Latins. Devenu *Sambuco* en italien, il s'est contracté en *Sauco* en espagnol, de là il s'est altéré en *Sus*, *Suseau*, *Sureau*, dans notre langue. Les Allemands lui ont donné le nom d'*Holder*; les Anglais, celui de *Elder*.

Un grand nombre d'autres noms pourroient facilement être rassemblés; car dans toute l'étendue de pays où cet arbuste s'est répandu, chaque peuple l'a désigné par un nom particulier : chez tous, dès qu'il est prononcé, il rappelle à la mémoire cet arbuste, sans équivoque. Il se rattache aussi au nom d'un grand nombre d'hommes, de Théophraste et de Dioscoride, chez les Grecs, qui en ont parlé dans leurs ouvrages. Ce dernier nous a fait connoître toutes les propriétés qu'on lui attribuoit de son temps. Il avoit remarqué déjà qu'une autre plante qui lui ressembloit beaucoup à l'extérieur, s'en distinguoit, parce que ses tiges étoient herbacées et périssoient tous les ans. C'est l'Hièble. Pline a réuni dans son Histoire Naturelle tout ce que les Grecs avoient dit au sujet de cet arbrisseau.

Parmi les modernes, à compter du moment du renouvellement des sciences, il faudroit passer en revue tous les Auteurs qui ont écrit sur la Botanique, pour citer tous ceux qui ont parlé du Sureau, où qui l'ont figuré.

Le Book, ou *Tragus*, a fait connoître une autre espèce de

Sureau qui croît dans les montagnes, et qu'on nomme, de la disposition de ses fleurs, Sureau à Grappe. Lobel et Dodonée ont fait connoître une variété remarquable par ses feuilles découpées. Gaspard Bauhin a fait dans son *Pinax*, le rapprochement de tous les Auteurs qui ont écrit sur cet ouvrage ; et son frère Jean Bauhin, a fondu ensemble tous leurs travaux dans son Histoire des Plantes.

Blochwits, comme je l'ai dit, a fait, sous le titre d'Anatomie du Sureau, une rapsodie de toutes les vertus médicales qu'on avoit attribuées à cette plante. Tournefort, en fixant les genres, a arrêté que toutes les Plantes qui auroient un certain degré de ressemblance dans les parties de la fructification, porteroient le même nom. Par-là il a déterminé qu'un certain nombre d'autres végétaux se réuniroient au Sureau ou *Sambucus*, sous la même dénomination. Ainsi, dans ses *Institutiones*, il rapporte les noms de sept plantes qu'il regarde comme de ce genre.

Mais Linné examinant avec plus de soin ces plantes, les avoit réduites à quatre.

Ainsi, de temps immémorial, l'homme emploie le Sureau à différens usages. Déterminé par ses qualités extérieures, son odeur et sa saveur, il l'a employé pour combattre quelques-unes des maladies dont il est affligé. Il a essayé d'en tirer quelqu'aliment, mais ce n'a été que comme assaisonnement. Frappé de la rapidité avec laquelle il croît, il en a formé des clôtures, ou des haies, pour écarter de ses cultures les animaux qui pouvoient leur nuire. Dans son enfance, remarquant la largeur de sa Moëlle, il y a trouvé les matériaux de jouets bruyans.

De son côté, cet arbuste semblant se plaire dans le voisinage de l'homme, ne s'est jamais beaucoup écarté de sa demeure : là il s'est souvent trouvé exposé à être maltraité, et il n'a formé qu'un buisson peu élevé ; mais plus isolé et laissé à lui-même, son tronc a fini par acquérir un assez grand diamètre pour pouvoir être travaillé; son bois s'est trouvé léger et solide, propre à faire différens petits ouvrages; mais jamais il n'a été compté parmi ceux qui peuvent servir à la construction des maisons. C'est en étendant ces considérations que l'on pourra composer l'*Histoire artificielle du Sureau*.

Quant à son *Histoire naturelle*, j'en ai esquissé le commencement en décrivant son développement, à partir de la Graine; mais j'ai été obligé de la commencer par cette Graine, et de m'arrêter là.

Cette Graine n'est qu'un point, et c'est cependant là que se trouve renfermée la puissance de disposer de la matière première, de façon à reproduire des plantes semblables à celles que nous examinons; mais il faudra un laps de temps de quatorze ans au moins pour en obtenir un morceau de bois tel que celui que nous avons représenté.

Nous pouvons présumer que tant que les circonstances de sol et de température, semblables à celles que nous éprouvons maintenant, existeront, ce Sureau pourra continuer à végéter et se maintenir. De même, si nous remontons dans le temps passé, nous pourrons supposer qu'il a existé tant que ces mêmes circonstances ont eu lieu.

A présent, si nous écoutons ceux qui, sous le nom de Géologues, ont cherché à déterminer par le raisonnement l'origine du Globe que nous habitons, nous en trouverons qui pensent que ce n'étoit, dans le principe, qu'une masse incandescente et fondue, détachée du soleil, et qui s'est refroidie successivement; en sorte que ce n'est qu'après un laps de temps très-considérable qu'elle a commencé à être habitable pour les êtres animés que nous connoissons : mais continuant de se refroidir, ils doivent disparoître successivement.

D'un autre côté, presque tous s'accordent à reconnoître que toute la surface a été couverte par les eaux : ce n'est que successivement qu'elles se sont retirées ; en sorte que quelques points plus élevés se sont trouvés à sec et ont formé des îles. La retraite continuant, ces îles se sont réunies et sont devenues des continens. Ainsi, il ne devoit y avoir que des êtres aquatiques, tant végétaux qu'animaux. Quelques-uns d'eux se sont pliés aux circonstances et sont devenus terrestres. C'est par le changement progressif de leurs parties ou organes qu'ils se sont prêtés à leur nouveau domicile, et ils se sont perfectionnés de plus en plus.

Ces idées développées dans un beau style peuvent séduire pendant quelque temps ; mais si on les soumet au raisonnement, combien de fois n'est-on pas arrêté par des difficultés insurmontables ? Il n'y a d'autres moyens de les résoudre que par des suppositions. A chaque instant il faut donc couper le nœud gordien, en faisant taire la raison.

Mais si l'on prend pour guide le livre le plus anciennement écrit, la GENÈSE, son auteur, Moïse, ne vous demandera qu'une seule fois la soumission de votre raison : *In principio Deus creavit mundum.* Ainsi, il vous représente Dieu assignant dans l'éternité le moment où il veut que tout ce que nous apercevons existe. Se servant d'expressions à notre portée, il divise en six journées ce tableau magnifique. C'est à la seconde que, suivant lui, le Créateur veut que toutes les espèces d'Herbes et d'Arbres parent la surface de la terre qui venoit d'être séparée des eaux.

C'est donc là aussi l'époque où le Sureau a commencé à paroître, avec toutes les qualités intérieures et extérieures qu'il possède maintenant. Ainsi, en déterminant l'existence de ce petit point de matière, ou la première Graine, le Créateur lui a dit : *Croîs et multiplie, mais tu ne t'éten-*

dras pas au-delà de telles bornes; quoique chaque année tu sembleras t'élancer plus qu'aucune espèce d'Arbres, tu seras toujours dominé par eux ; mais tu domineras à ton tour l'Hièble, que tu verras paroître et disparoître tous les ans ; l'odeur de tes Feuilles repoussera un grand nombre d'animaux, mais tes Fleurs frapperont au loin par leur multitude et par leur blancheur éclatante, et de près elles récréeront par leur doux parfum.

Il a donc soumis son développement à des lois qui n'ont jamais été enfreintes, parce qu'elles ne sont autre chose que la continuation de sa volonté, et c'est leur ensemble qu'on à personifié sous le nom de NATURE. En même temps il l'a soumis à la puissance de l'homme, par ces paroles: *Ecce dedi vobis omnem Herbam afferentem semen super terram, et universa ligna quæ habent in semetipsis sementem generis sui.*

Ainsi, depuis que la première graine de Sureau a été déterminée ou créée, elle a reçu une impulsion ou mouvement vital qui s'est conservé jusqu'à nous.

C'est une série continue dont j'ai détaché quelques points isolés qui démontrent, suivant moi, d'une manière évidente, plusieurs propositions importantes de Physiologie végétale. J'ai cherché à les manifester par le moyen d'une planche. Je vais passer rapidement en revue les figures qui la composent, afin qu'on saisisse mieux les vérités que j'ai voulu exposer par leur moyen.

EXPLICATION DES FIGURES.

Fig. a. Morceau de bois de Sureau, coupé en 1810. Sa superficie divisée par treize cercles concentriques, indique qu'il végétoit depuis treize ans, et qu'ainsi, au mois de février 1797, il devoit être renfermé dans un Bourgeon.

b. 1. Graine de Sureau tirée de son test.

2. Embryon ou la petite plantule entière.

3. Plantule avec ses cotylédons ouverts.

4. Partie de la plantule détachée, Radicule, ou plutôt Tigelle, Cotylédons et Plumule, ou Bourgeon primordial.

c. Germination ou première pousse de la Plantule.

1. Sa coupe ou tranche de grandeur naturelle.

d. Jeune plante de l'année, beaucoup plus grosse, coupée par tranche.

1. Coupe d'une Racine. Il n'y a point de Moelle au centre, et l'Ecorce est beaucoup plus épaisse que la partie ligneuse.

C'est ce qu'on voit dans beaucoup d'Arbres.

2. Commencement de la tigelle au niveau du sol.

On voit dans les autres branches que la Moelle va toujours en augmentant de diamètre; que c'est au n°. 7 qu'est son maximum : enfin, au n°. 15, on voit son extrémité ; à ce point les derniers couples de feuilles sont repliés absolument comme dans le Bourgeon représenté dans la figure e.

e. 1. Le Bourgeon entier.

2. Le même, coupé en long , avec une portion du bois qui le porte, et sa communication avec la Moelle.

3. Feuilles qu'il renferme.

Le morceau de bois (a) devoit être ainsi , en 1797.

f. Ecaille et jeune feuille renfermée dans le bourgeons.

1. Ecaille avec une pointe terminale.

2. ——— avec cinq lobes qui sont les appendices des folioles ; ce qui prouve que les écailles ne sont que des feuilles avortées.

g. Jeune Scion décortiqué.

1. Sa base, c'est l'endroit où sa tranche est la plus épaisse.

2. Sortie des premières Feuilles ; elles étoient déjà tombées, et les sommets des faisceaux qui les composoient, recouverts par les fibres descendantes.

3. Milieu de l'entre-nœud ; c'est l'endroit où la Moelle est la plus large.

Plus haut, la sortie des feuilles est recouverte par les fibres ligneuses qui deviennent des Feuilles.

4. Milieu du second entre-nœud.

5. Sortie des Feuilles ; les faisceaux sont encore recouverts par les Fibres des feuilles.

6. Entre-nœud ; les précédens étoient blancs et ligneux ; celui-ci est vert et circonscrit par huit faisceaux. On voit qu'ils vont se rendre dans le Pétiole des feuilles ; sa tranche est octogonale.

7. Cet entre-nœud est carré et il est mince.

h. Autre Scion plus gros.

1. Tranche de sa base.

2. Tranche faite à la sortie des feuilles ; elle est ovoïde et se prolonge des deux côtés, à l'origine des Bourgeons.

3. Tranche vers le milieu ; elle est de forme quadri-
latère, mais a huit lobes arrondis.

4. Tranche du sommet ; par la contraction elle est devenue une figure à quatre lobes arrondis.

i. Tronçon d'un Scion plus gros.

1. Tronçon entier, avec deux Feuilles ; il étoit vert,
marqué de huit cannelures.

2. Tranche horizontale ; on y voit l'origine des faisceaux dont la base renfermoit immédiatement la
Moelle qui étoit verte et succulente, par conséquent
à l'état de Parenchyme.

3. Développement ou panorama de la superficie du
corps intérieur ; on y voit les huit faisceaux et
la manière dont deux se bifurquant, en donnent
cinq pour composer chacun des Pétioles des deux
Feuilles : l'une d'elles est représentée arrachee ;
dans l'autre on a représenté la manière dont les
cinq faisceaux se subdivisoient pour en former neuf.

k. Tronçon du même Scion, mais pris vers le bas ;
l'écorce étoit grise, et sa circonscription circulaire.

1. Tronçon entier ; la Feuille est tombée au-dessus de
son vestige ; il y a un seul bourgeon ; ordinairement
il y en a deux l'un sur l'autre.

2. Tranche horizontale ; la couche ligneuse étant déjà
formée, les faisceaux ligneux sont obligés de la
traverser ; dans une des Feuilles ils sont représentés
au moment où elle se détache. On voit qu'il en résulte des trous dans l'Écorce.

3. Développement ou panorama de la superficie du
corps intérieur ou ligneux ; cette superficie est composée de l'assemblage des fibres dont les unes venant de plus haut, traversent toute la longueur du
tronçon ; les autres sortent en rayonnant de la base

des Bourgeons. Il en résulte donc une couche continue qui couvre les faisceaux foliacés. On a représenté ceux-ci dépassant en bas.

On voit ensuite leur sortie tronquée dans l'une des Feuilles, mais ils sont entiers et divisés dans l'autre.

Le morceau de bois (a) devoit être ainsi en 1797, c'est-à-dire semblable; car si sa Moelle eût été du même diamètre, elle eût diminué de quelque chose.

La vérité est qu'il y a des Scions ou Branches de l'année, dans lesquels la Moelle est du diamètre que j'ai représenté, et que le morceau de bois (a) en a une telle que je l'ai représentée.

Mais cela ne prouve en rien que dans celui-ci elle ait diminué, car il faudroit auparavant prouver qu'elle eût été plus large.

Dans le tronçon (k 2), la Moelle est déjà enchâssée et protégée par la couche de bois.

1. Tranche horizontale d'un Scion plus âgé d'une année; c'est donc la tranche (k 2) représentée un an après, la seconde feuille étant tombée. Il restoit donc aux deux vestiges des trous dans l'écorce, et le sommet des lambeaux affleuroit la superficie du bois.

A l'époque où on a saisi cette tranche, les lambeaux se sont recouverts par le passage de la nouvelle couche; en même temps les trous de l'écorce sont bouchés intérieurement par le passage d'une nouvelle couche corticale, et cependant les deux sont séparés par l'interposition du Cambium.

Il suit de là que pour leur formation ces deux couches ont été indépendantes l'une de l'autre.

Comme elles ont passé successivement d'un état *fluide* à un *mucilagineux*, et de là au *solide*, elles n'ont pu influer sur la couche de bois formée dès l'année précédente ; elles n'ont pu agir non plus sur la Moelle, puisqu'elle étoit protégée par cette couche solide.

Ainsi, tout l'intérieur n'a pu subir de changement.

Il n'en est pas de même de l'extérieur ou de l'écorce, car il a fallu que celle-ci cédât à l'accroissement en diamètre ; ainsi l'Epiderme qui est sa surface extérieure, ou sa superficie, a dû se distendre de manière à contenir les deux nouvelles couches de Bois et d'Ecorce ; pour cela il a été obligé de se déchirer en lanière ; de là les crevasses qui existent déjà à sa superficie.

m. Tranche prise dans le bas d'un Scion de l'année au-dessus des Feuilles, à l'origine des Bourgeons.

On voit par son moyen que la Moelle de ceux-ci est continue avec celle du Scion.

Cependant la couche de bois est déjà formée en partie, et solidifiée ; en sorte que si elle avoit la faculté de contracter la Moelle, elle auroit déjà pu produire cet effet.

Mais au premier coup d'œil, on n'aperçoit pas cette continuité, parce que cette Moelle, à la base du Bourgeon, est d'une contexture plus serrée que dans le Scion. Il paroît que les molécules amilacées qui doivent former ses Utricules ne se sont pas dilatées.

Il n'est pas étonnant que l'on confonde cette partie avec le Bois ; mais avec un peu d'attention on distingue parfaitement les deux, et cela, même sur les branches les plus anciennes.

n. Morceau d'un tronc de Sureau de quatre ans, venu d'une graine, pris au niveau du sol. Ainsi, supposé que, comme le tronc (a), il ait été coupé en 1810, en 1806 il étoit renfermé dans une Graine, et son principe existoit dans la Radicule de la Plantule ; en 1807 il étoit semblable à une portion de la tranche représentée en (c), *fig.* 3 ; en 1808 il devoit être semblable à (1), excepté que la Moelle et le corps ligneux étoient d'un diamètre infiniment plus petit.

Voilà donc ce que j'ai vu sur différens tronçons de Sureau. Il n'est personne qui ne puisse , dans l'espace de quelques mois , juger par lui-même si j'ai exposé la vérité ou si je me suis fait illusion.

Mais sur plusieurs points je me trouve en contradiction avec quelques-uns de ceux qui ont écrit sur la Physiologie végétale.

D'abord avec M. Feburier ; car dans une Notice *sur la Moelle et l'Etui tubulaire des Arbres dicotylédons, etc.,* publiée dans les *Annales de l'Agriculture Française,* tome 51 , il dit positivement que la communication qui existe entre la Moelle du tronc et celle des branches, bien visible au moment de leur formation, finit par s'oblitérer, parce qu'elle est pressée par la superposition des nouvelles fibres ligneuses ; en sorte qu'au bout de deux ou trois ans elle a disparu totalement.

Ici M. Feburier s'est fait illusion ; il a été trompé par l'apparence que prend le Parenchyme dans cette partie : au lieu d'être utriculaire, il reste composé de grains serrés et solides ; mais ils ne sont nullement fibreux , c'est ce que démontre la figure (m) ; les deux prolongemens y sont la coupe horizontale de la base du Bourgeon dont la coupe verticale est représentée (e fig. 3) ; et je m'offre de faire voir cette communication sur le plus gros tronc de Sureau qu'on pourra trouver.

Cet effet a lieu d'une manière encore plus prononcée dans les Sarmens ou les Ceps de la Vigne. Lorsqu'on les fend en long, il paroît que la Moelle est interrompue par une cloison ligneuse à chaque entre-nœud, comme le

Chaume des Graminées ; mais si l'on suit le développement du Bourgeon, on reconnoîtra encore très-facilement que cette cloison n'est nullement ligneuse, c'est-à-dire composée de Fibres continues, mais de grains détachés, qu'elle provient du Parenchyme.

M. Feburier soutient encore, dans sa *Notice historique sur la nature et les fonctions de la Moelle et du Liber*, contradictoirement à mon Mémoire, lu dans la séance de l'Institut, du 5 mars 1810, et au Rapport fait sur ce Mémoire, le 30 juillet 1810, ainsi qu'à l'autorité de sir Knight, qu'on a cité d'après moi, que la Moelle des arbres, et notamment du Sureau, se rétrécit, non pas comme quelques auteurs l'ont prétendu, par le changement de cette Moelle en fibres ligneuses, mais par la pression qu'elle éprouve par le passage des nouvelles fibres ligneuses ; que cet effet a non-seulement lieu la première année de la formation de la jeune branche ou scion, mais les deux ou trois suivantes ; en sorte que l'étui médullaire éprouve encore une légère réduction.

La comparaison des tranches horizontales représentées (k 2 et 13) démontre évidemment le contraire ; elles sont prises au même moment sur un Scion qu'on suppose sorti depuis six semaines. Mais, dira-t-on, que conclure de cette figure ? car qui peut certifier qu'elle n'est pas idéale ? Je réponds à cela que ces figures ne sont là qu'au défaut de la nature, et que c'est à celle-là seule que je m'en rapporte.

Voici ce que je garantis comme véritable : c'est que, si au mois de juin on prend un Scion ou jeune branche de Sureau vers le tiers de sa hauteur, c'est-à-dire, à partir du point où il est attaché à la branche, l'on trouvera que sa partie intérieure ou Moelle, qui sera blanche, sera au moins d'un diamètre égal à celui de tout autre point de la partie supérieure : cependant, dans le bas, elle sera déjà environnée

d'une couche ligneuse, tandis qu'elle ne sera pas encore
développée dans le haut et que cette Moelle sera verte,
c'est-à-dire à l'état de Parenchyme. Si l'on passe à l'examen d'une tranche plus bas, c'est-à-dire d'une branche de
l'année précédente, on en trouvera dont la Moelle sera
aussi large que celle de toutes les branches de l'année présente: telle est celle représentée en (l); et cependant cette
moelle est recouverte de deux couches de bois.

Mais si l'on revient à la tranche du Morceau de Bois
représenté en (a), on y trouvera le diamètre de la Moelle
moindre que dans les trois tranches précédentes : c'est
donc une preuve qu'elle a diminué. Oui, si l'on prouvoit
qu'elle a été primitivement du même diamètre que celui-
ci. Mais ici on n'a que la preuve de ma bonne foi; car j'ai
représenté fidèlement les objets tels que je les avois sous les
yeux: ainsi j'ai représenté des Scions de l'année très-gros,
parce que je pouvois les choisir facilement sur pied, et
couper d'un seul coup de serpette ceux qui me convenoient;
au lieu que pour les gros Troncs, j'ai été obligé de m'en
rapporter au hasard qui me les a procurés : mais je suis
persuadé que si l'on étoit à même de voir une haie entière et sur pied, on y trouveroit des Tronçons dont la
Moelle auroit le plus large diamètre possible. D'ailleurs,
la comparaison qu'on peut faire de ce tronçon de treize
ans avec celui représenté (n), qui n'en a que quatre,
démontre que l'âge ne fait rien sur le diamètre de la
Moelle, mais qu'il se conserve tel qu'il est formé dans
les premières semaines de son existence.

Non, dira M. de Mirbel, je conviens avec vous qu'une
fois la Moelle formée, elle persiste du même diamètre ;
mais elle en a un plus grand avant d'y parvenir, c'est-à-
dire lorsqu'elle est verte ou à l'état de Parenchyme. Si cela
étoit, il arriveroit nécessairement que sur un Scion formé

depuis six semaines, comme ceux que j'ai soumis à la dissection et à l'examen, la partie supérieure verte seroit toujours d'un diamètre plus grand que l'inférieure, et c'est ce qui n'est jamais, c'est-à-dire à partir environ du tiers de la hauteur, et que cependant dans présque toutes les branches qu'on peut examiner, c'est là où on trouvera le maximum de dilatation de la Moelle. De plus, comme je l'ai dit, si ces parties avoient le même diamètre, ce seroit l'inférieure dont la tranche auroit la plus grande surface, puisqu'elle est circulaire, et que les autres sont successivement octogonales et quadrilatérales.

M. de Mirbel soutient toujours que l'augmentation en diamètre vient de ce que la couche intérieure du Liber se détachant de l'Ecorce, se réunit au Bois, pour y former la nouvelle couche ligneuse ou l'Aubier.

Il suffit encore, pour se convaincre du contraire, de jeter les yeux et d'examiner attentivement les trois coupes horizontales (l, k 2, et i 2), en remarquant qu'elles sont prises au même moment sur une branche de Sureau, c'est-à-dire vers la fin de juin. Dans les trois la partie intérieure, ou le corps ligneux et médullaire, est séparé de l'extérieur ou de l'Ecorce par une couche visqueuse ou le Cambium. Cette couche a toujours subsisté depuis le moment où le Bourgeon a commencé à se développer. Peu de temps avant cette époque, la tranche (k 2) étoit absolument semblable à celle (i 2) ; et un an auparavant la tranche (l) a été successivement semblable aux deux précédentes.

Je ne m'arrête pas plus long-temps sur cet objet ; car je crois que les preuves que j'ai données sont suffisantes pour ceux qui cherchent de bonne foi la vérité, et les persuader qu'il est physiquement impossible que le Liber se change en Bois.

M. Feburier annonce une nouvelle expérience qui doit prouver irrévocablement que la Moelle diminue en diamètre par l'effet de la Végétation : il l'a fait constater avec beaucoup d'appareil , car c'est en présence des principaux membres de la Société d'Agriculture de Versailles , et autres amateurs qu'il avoit invités , qu'il l'a terminée. Voici, suivant ce qu'il m'en a dit , en quoi elle consiste :

Pendant l'été de l'année dernière il a noté un certain nombre de fortes pousses d'Eglantier , ou rejets de l'année ; il a coupé leur sommet , a mesuré exactement le diamètre de leur moelle, dont il a pris note, et il a conservé soigneusement ces témoins, avec des marques qui pussent les faire rapprocher des Tiges d'où ils avoient été pris ; il a laissé croitre celles-ci en liberté ; et à la fin de cet été , en présence des personnes indiquées , il a coupé de nouveau leur sommet qu'il a comparé avec les échantillons conservés, et il a fait voir que leur Moelle étoit devenue d'un diamètre une fois plus petit que celle de ces témoins. C'est l'expérience dont M. Feburier parle à la page 32.

Je lui ai répondu par une autre expérience ou plutôt par une suite de faits que j'ai soumis à l'examen de la première classe de l'Institut.

Passant en revue mes Rosiers greffés sur Eglantier , j'ai trouvé que l'un des plus gros étoit mort ; je l'ai coupé par le pied , et j'ai tranché horizontalement sa tige en plusieurs points , j'ai fendu en long plusieurs des tronçons : par-là je me suis assuré que la Moelle dans sa longueur étoit de diamètre un peu inégal , mais que dans l'endroit le plus large elle avoit trois lignes de diamètre : le bois annonçoit par sept couches concentriques, qu'il avoit-à-peu près sept ans d'existence. Le cercle que formoit celui-ci avoit à-peu-près neuf lignes de diamètre ; en sorte que , comme dans l'exemple du Sureau que j'ai cité page 144 , si la surface de la moelle étoit 1 , celle du bois devoit être 8 , et qu'ainsi celui-ci devoit avoir toutes les dimensions nécessaires pour avoir comprimé le plus possible la Moelle.

J'ai ensuite cherché les plus forts Eglantiers que j'eusse ainsi que les forts Scions ou gourmands qui eussent poussé de leurs différentes parties , pour les examiner ; coupant d'abord le sommet qui étoit au-dessus des Greffes , et qui étoit mort , je me suis assuré que cette partie , privée de toute sorte de végétation , étoit restée de même diamètre que celle qui étoit au-dessous ; en sorte que dans quelques-uns que j'ai fendus de long en long , je n'ai pu apercevoir de diminution sensible entre ces deux parties ; de là il s'ensuit qu'elles sont restées absolument semblables , de ce côté, à ce qu'elles étoient au moment de l'opération. J'ai mesuré ensuite le diamètre de la Moelle dans tous les tronçons que je me suis procurés , et je les ai tous trouvés un peu inférieurs au premier tronc dont j'ai parlé ; mais ils approchoient , plus ou moins, de trois lignes ; la plupart étoient de l'année dernière. Si l'assertion de M. Feburier est exacte, ils doivent donc avoir eu le double , par conséquent six lignes. Je ne dis pas qu'on ne puisse en trouver de ce diamètre , mais j'assure que dans toute la pépinière du Roule je n'ai pas trouvé un Eglantier ou Rosier dont le diamètre de la moelle dépassât trois lignes.

J'ai fait voir à l'Institut un tronçon de Rhus ou Sumac , sur lequel le Canal médullaire étoit resté à découvert par suite d'une experience que je lui avois fait subir , et qui attestoit qu'intérieurement la Moelle n'avoit pas diminué de diamètre ; la Vigne a présenté le même résultat. Il suffit de voir les vestiges des tailles précédentes, on y trouvera la Moelle de différens diamètres qui paroît avoir été fixée.

Mais pourquoi ne pas répéter cette expérience , me demande M. Feburier ? Parce que je n'en ai pas besoin , et, en outre, si je n'ai pas encore fait positivement celle-ci, j'en ai fait d'autres qui l'équivalent au moins.

Mais, suivant moi, la plus sûre et la plus facile, c'est l'examen synchronique des Branches ou des Troncs des Arbres ou Arbustes qui ont la Moelle la plus large, tels que le Sureau, la Vigne, l'Eglantier, etc., de reconnoître par ce moyen quel est le *maximum* où elle peut parvenir: c'est ce que j'ai exécuté; or, d'après ces observations, je garantis, au nom de la Nature, qu'on trouvera ce *maximum* aussi bien dans le plus vieux Tronc que dans le plus jeune Scion.

M. Feburier cite lui-même un fait particulier qui démontre qu'il existe plutôt une force expansive du centre à la circonférence, qu'une contraction de la circonférence au centre; c'est le Chèvrefeuille, c'est-à-dire toutes les espèces de *Lonicera* de Linné, dans lesquels on trouve le Canal médullaire fistuleux : cependant il est certain que lors de la formation du Scion, lorsque la Moelle est à l'état de Parenchyme, elle est pleine d'un bout à l'autre; ce n'est qu'en devenant Moelle qu'elle devient fistuleuse, excepté aux entre-nœuds. Ce cas est très-rare dans les plantes ligneuses; je n'en connois d'exemple dans nos arbres acclimatés que dans le *Broussonetia* ou Mûrier à papier. On pourroit aussi ranger dans cette classe les Noyers, où la Moelle est comme partagée par des diaphragmes.

Cette dilatation, au contraire, est très-commune dans les plantes herbacées; et quand elle n'a pas lieu, j'ai fait voir par l'exemple de l'*Héliantus annuus* ou grand Soleil, que la Moelle continuoit à s'accroître long-temps après que la distance qui séparoit les Feuilles étoit arrêtée.

J'ai cité ces exemples à M. Feburier: il m'a répondu que ce n'étoit là que des expériences de cabinet. C'est à d'autres que lui ou moi à juger qui de nous deux a le plus souvent et le mieux examiné la Nature directement.

ADDITION
SUR LA CHUTE DES FEUILLES.

J'ai dit que dans un Scion, ou jeune pousse de Sureau très-alongée, il arrivoit souvent que les Feuilles d'en-bas étoient déjà tombées, tandis que celles du sommet ne faisoient que de commencer à se développer. (V. pag. 136.) On peut entrevoir la cause de cette chute, en comparant les figures (i. 2. 3.) à celle (k. 2. 3.). On voit dans la première qu'il n'y a qu'un espace très - court entre le point d'où partent les faisceaux en se coudant, du corps intérieur, et celui de leur sortie hors de l'Ecorce, tandis qu'il a fallu que cet espace se prêtât à la dilatation causée par la formation du Corps ligneux et du cortical. Il a donc fallu que les Fibres qui le composent se soient allongées en conséquence. On peut soupçonner la manière dont cela a lieu : comme dans le principe ces faisceaux ne sont composés que de Trachées spirales, on conçoit facilement qu'elles s'alongent par l'effet de la distension, en se déroulant. Mais il doit venir un moment où elles se trouvent totalement déroulées; alors elles ne peuvent plus céder à l'effort de cette distension qu'en se rompant : de là donc la chute prématurée des Feuilles.

Mais maintenant on peut demander si c'est la même cause qui détermine la chute totale des Feuilles en automne. Je pense qu'elle y contribue. Ainsi, dans cet arbuste, les Feuilles commencent à tomber de la base au sommet : elles sont donc totalement tombées dans le bas, tandis que celles du haut persistent; et quand le froid n'est pas rigoureux, il arrive souvent qu'elles persistent jusqu'au développement des Bourgeons.

Cet effet me paroît avoir lieu dans tous les Arbres de notre climat, dont le Bourgeon se développe indéfiniment depuis le printemps jusqu'à ce que les premiers froids viennent pincer son extrémité. Le plus remarquable parmi eux est le *Robinia pseudo-acacia* , ou faux Acacia.

Mais le plus grand nombre des arbres qui croissent en plein air dans notre climat, se trouvent arrêtés dans leur pousse annuelle six semaines ou deux mois après qu'elle a commencé à se développer ; et cela a lieu de différentes manières, d'abord suivant qu'ils ont les Feuilles *opposées* ou *alternes*.

Ainsi, dans ceux à Feuilles opposées il arrive ordinairement qu'après qu'il s'est développé un certain nombre de couples de Feuilles, la pousse se trouve arrêtée par un Bourgeon terminal qui continuera la Tige ou la Branche par son développement. De ce nombre sont le Marronier d'Inde, les Frênes, les Erables, et quelquefois le Sureau.

Les autres se trouvent arrêtés par le desséchement subit de l'extrémité de la pousse, immédiatement au-dessus d'un couple de Feuilles. De-là il arrive que la Branche ou la Tige est terminée par deux Bourgeons. De ce nombre est le Lilas, les *Staphylœas* pinné et trifolié, et quelquefois le Sureau.

Dans les Arbres qui ont les Feuilles alternes, il arrive ordinairement qu'au bout d'un nombre de Feuilles plus ou moins grand, suivant la force de l'individu, il y a une pareille Décurtation également au-dessus d'une Feuille. Par ce moyen le Bourgeon qui se trouvoit dans son aisselle devient terminal, et se trouve par-là destiné à prolonger la direction de la Tige ou de la Branche: Quelquefois il arrive que ces Scions se prolongent indéfiniment, c'est lorsqu'ils se trouvent placés d'une manière favorable ; de ce nombre sont les Tilleuls, les Ormes, le plus grand nombre de nos Arbres fruitiers.

Tous ces Arbres, c'est-à-dire le plus grand nombre de ceux qui composent nos Forêts et nos Vergers, une fois parvenus au moment de cette Décurtation, restent stationnaires jusqu'au printems suivant , et ils ne reçoivent plus d'augmentation ni en élévation ni en diamètre jusqu'à cette époque.

Mais il arrive quelquefois, d'abord en particulier, suivant les Individus, et ensuite en général, suivant la température de l'année , que les Bourgeons latéraux poussent tout de suite, et anticipent par conséquent d'une année à leur développement. Le Pêcher est très-sujet à cela, et c'est un grand inconvénient pour sa culture.

D'autres fois c'est le Bourgeon terminal seul qui anticipe ainsi sur son évolution. Cela arrive principalement au Chêne et à l'Abricotier.

Cette anticipation a lieu en général sur plusieurs espèces d'Arbres, lorsque la sécheresse a été très-grande pendant l'été, les Feuilles se trouvant brûlées; alors les Bourgeons se développent comme ils l'auroient fait au printems. Cet effet a plus souvent lieu vers le mois d'août que dans les autres; c'est de là qu'est venue l'opinion accréditée de toute ancienneté, que les Arbres éprouvent habituellement deux ascensions de Sève, la première au printems, et la seconde en Août ; mais l'examen direct de la nature m'a prouvé que ce n'étoit qu'un effet accidentel, qui avoit lieu tantôt plus tôt, tantôt plus tard.

Il paroît certain que la pousse anticipée des Bourgeons tient plus ou moins à l'état de la Feuille, et on la détermine même artificiellement en enlevant celle-ci, c'est-à-dire en pratiquant l'Effeuillaison.

A présent, il faut considérer qu'il y a plusieurs Arbres et Arbustes indigènes, ou qui s'accommodent fort bien de notre climat, qui ne perdent point leurs Feuilles pendant l'hiver, tels sont le Houx, l'Alaterne, le Filarias, le Buis, et enfin la famille des Conifères, excepté le Mélèze, et le Cyprès chauve.

Mais les premiers de ces Arbres ne les conservent que jusqu'au commencement du printems; et dès l'instant que la nouvelle pousse se développe, les anciennes Feuilles tombent. Il n'en est pas de même dans les Conifères, car on voit jusqu'à trois successions ou années de Feuilles à-la-fois.

Cet effet est rare dans les pays tempérés, mais il est tellement commun dans ceux qui approchent de la ligne équinoxiale, qu'on a cru, sur le rapport des voyageurs, qu'ils étoient tous dans ce cas.

Je ne sais ce qui se passe sous l'Equateur, mais je peux assurer que sous le Tropique, à l'Ile-de-France et à Madagascar, il y a un assez grand nombre d'Arbres qui perdent toutes leurs Feuilles à-la-fois.

Dans les Arbres qui éprouvent une Décurtation, c'est-à-dire les plus communs de notre pays, je n'ai pu trouver de distance entre la chute de leurs Feuilles, elles m'ont paru tomber à-peu-près toutes en même tems, et après ce que j'ai dit au sujet du Sureau, on devroit s'attendre à voir tomber celles d'en-bas les premières, à cause de la distension qu'éprouvent leurs fibres foliacées au point d'attache des Pétioles. Cela arrive d'une manière plus ou moins marquée dans les autres Arbres dont les Scions se développent indéfiniment, souvent le bas est totalement dégarni que le sommet continue encore son évolution.

Cependant M. Carnot m'avoit averti, il y a quelque tems, qu'il avoit observé que quelques Peupliers commençoient à perdre leurs Feuilles en partant du sommet des Branches, et M. de Beauvois me l'avoit répété en m'assurant qu'il l'avoit vérifié. Ce savant a poussé plus loin cette observation, et il a réuni les notions qu'il a recueillies à ce sujet, dans un mémoire qu'il a lu à la séance publique de l'Institut, du 3 janvier 1814.

Il a donc annoncé qu'il y avoit des Arbres qui commençoient à perdre leurs Feuilles par les extrémités supérieures de leurs rameaux, et que d'autres, au contraire, se dépouilloient d'abord par les extrémités inférieures.

J'avois eu beau chercher, je n'avois pu trouver de différence qui me parût constante; mais au milieu même de l'hiver j'ai rencontré deux exemples manifestes de ces deux sortes d'Effeuillaison.

C'est le *Rhamnus hybridus* qui m'a fourni le premier, et le Chêne pyramidal l'autre : dans le moment le plus rigoureux de l'hiver, il avoit encore des Feuilles vers le sommet de ses Branches, tandisque le bas en étoit dégarni.

Le contraire avoit lieu sur le Chêne pyramidal, suivant l'usage de quelques espèces, il conservoit une partie des siennes, desséchées ou mortes, mais elles ne se trouvoient qu'à la base des pousses annuelles, tandis que le sommet en étoit dégarni.

Ces deux exemples sont donc fixés, et ils le seront vraisemblablement jusqu'à la pousse des nouveaux Bourgeons. Il me restoit à voir s'ils s'accordoient avec la loi constante qu'a cru découvrir M de Beauvois, et qu'il a posée de la manière suivante, en la qualifiant d'Aphorismes.

« Tout Arbre adulte, sur lequel la pousse du mois » d'août se manifeste par le prolongement continu des » rameaux développés au printems, commence en au-

» tomne à se dépouiller de ses Feuilles aux extrémités
» inférieures. De ce nombre sont la plupart des Peupliers,
» les Saules, les Cityses, le Baguenaudier, l'Arbre connu
» vulgairement sous le nom d'*Acacia*, l'*Aylanthus* ou
» vernis du Japon, et le Sumac, et une infinité d'autres. »

Suivant mes observations, tous ces Arbres éprouvent
une Décurtation et restent stationnaires six semaines
après leur développement, excepté l'Acacia.

« De même tout Arbre adulte sur lequel cette même
» pousse (*du mois d'août*) produit un rameau latéral et
» inférieur, les rameaux développés au printems se dé-
» pouillent les premiers, en commençant aux extrémités
» supérieures.

» De ce nombre sont l'Aune, le Tilleul, le Noyer, le
» Marronier d'Inde, le Peuplier d'Athènes, et le *Grandi*
» *dentata*. »

Ces Arbres, suivant mes observations, éprouvent un
arrêt dans leur Sève par une Décurtation plus ou moins
tardive, ou par la formation d'un Bourgeon terminal.

Revenons maintenant à l'examen des deux exemples.

Les Scions du *Rhamnus hybridus* se développent indéfiniment, et n'éprouvent que très-tard la Décurtation,
et il leur arrive souvent de pousser des rameaux latéraux
vers le bas; ainsi cet Arbuste participe aux deux cas
énoncés par M. Palisot, et le mouvement de sa Sève se
prolongeant pendant tout l'été il ne peut y avoir de pousse
d'Août.

Quant au Chêne pyramidal, dès que sa pousse est arrêtée par la Décurtation, ordinairement son Bourgeon
terminal se développe tout de suite, en sorte que tous les
Scions ou jeunes rameaux sont composés de deux jets, et
c'est l'inférieur seul qui conserve ses Feuilles, plus rare-

ment il n'y a qu'une pousse, alors elle conserve ses Feuilles (1). Il n'y a point encore là de pousse d'août.

Maintenant, pour rapporter l'Effeuillaison de ces deux Arbres, aux Aphorismes de M. de Beauvois, on voit qu'il faudroit commencer par s'entendre sur ce qu'on nomme *Sève-d'Août*, puisqu'elle en est la base ; or, d'après ce que j'ai dit, on peut voir que non-seulement je ne la trouve pas dans les deux cas cités, mais que de plus je suis très-porté à la regarder en général comme un être de raison. Il résulte de là, que tout en reconnoissant que les observations de MM. Carnot et Palisot, sont très-curieuses en elles-mêmes et qu'elles peuvent devenir très-importantes ; je les regarde comme des traits isolés qu'on ne peut encore lier ensemble, la cause dont ils dépendent étant inconnue.

Un fait qui peut servir à l'explication des Feuilles mortes persistantes, c'est celui-ci : lorsqu'on greffe en Écusson à œil dormant, on a l'attention de laisser la Feuille coupée à moitié sous le Bourgeon, et on reconnoît ensuite si la Greffe a réussi, en touchant légèrement ce Pétiole ; s'il se détache net, c'est signe qu'elle a réussi ; mais s'il résiste, on peut être assuré qu'elle a manqué.

---

(1) Cette année 1814 a été plus tardive que beaucoup d'autres ; de là il est arrivé que les Bourgeons anticipés n'ont poussé que vers la fin de juin, mais cependant ils se sont arrêtés quinze jours au moins avant le mois d'août. Ainsi ils ne peuvent être attribués à la Sève dite d'août.

Pag. xxiv, lig. 24, qu'il s'est écarté, *lisez* qu'il s'en est écarté.

Pag. xxix, lig. 8, a présentés liés entr'eux, *lisez* a présentées liées entr'elles

Pag. 7, lig. 3, toutes celles qu'on a tracées avant lui, *lisez* tous ceux qui en ont tracé avant lui.

Pag. 12, lig. 12, Feuilles, *lisez* Racines.

Pag. 14, lig. 8, la substance, *lisez* la manière.

Ibid., lig. 20, les anciennes fibres formoit, *lisez* les anciennes fibres composant.

Pag. 19, lig. 27, on pourra, *lisez* on ne pourra.

Pag. 26, b. lig. 11, Térébation, *lisez* Térébration.

Ibid., a. lig. 36, ne se lancera pas, *lisez* ne s'élancera pas.

Pag. 34, a. lig. 2, la sève descendant, *lisez* la sève descendante.

Pag. 45, lig. 32, eurent continué, *lisez* peuvent continuer.

Pag. 50, lig. 21, des Feuilles qu'elle produit, *lisez* des Feuilles qui le produit.

Idem, lig. 36, à leur formation, *lisez* à la formation des Bourgeons.

Pag. 54, lig. 14 et 15, sont contigues, *lisez* continues.

Pag. 58, lig. 13, pour reconnoître, *lisez* pour reconnoître son Aitiologie.

Pag. 88, lig. 19, cela arrive à l'un deux, *lisez* cela arrive à l'un d'eux.

Pag. 105, lig. 25, Gœrner, *lisez* Gœrtner.

Pag. 107, lig. 3, il s'en est tenu ensuite aux *Dracœnas* à cette, *lisez* il est venu ensuite aux *Dracœnas*, à cette.

Pag. 109, lig. 25, sapin jaune, *lisez* jasmin jaune.

Ibid., lig. 28, les premiers, *lisez* les Pruniers.

Pag. 112, lig. 4 et 5, il s'est trouvé, *lisez* il s'en trouve un exemple.

Pag. 119, lig. 16, l'Histoire du Morceau de Bois, *lisez* l'Histoire d'un Morceau de Bois.

Pag. 128, lig. 2, de celle-ci, *lisez* de celles-ci.

Ibid. lig. 11, et ne la présente, *lisez* et je ne la présente.

Pag. 133, lig. 17, un plus grand nombre, *lisez* un grand nombre.

Pag. 146, lig. 14, successivevement, *lisez* successivement.

Pag. 149, lig. 20, sur une autre idéale; *lisez* sur un autre idéal.

Pag. 152, lig. 22, fig. h 3 *lisez* fig. h 2.

Pag. 157, lig. 11, qu'il a eu lieu, *lisez* qu'il ait eu lieu.

Pag. 158, lig. 16, l'origine de celles-ci, *lisez* leur origine.

Pag. 161, lig. 19, facilement l'augmentation, *lisez* facilement à l'augmentation.

Pag. 164, lig. 6, séparés, j'ai voulu, *lisez* séparés que j'ai voulu.

Ibid. lig. 14, eu hauteur, *lisez* en largeur.

Pag. 165, lig. 27, fig. (9), *lisez* fig. (n).

Pag. 167, lig. 6, semblable à la branche, *lisez* semblable à la Tranche.

Pag. 174, lig. 22, les autres branches, *lisez* les autres Tranches.

Ibid., lig. 24, au n°. 15, *lisez* au n°. 13.

Pag. 176, lig. 21 et 22, la Feuille est tombée au-dessus de son vestige; il y a, *lisez* la Feuille est tombée; au-dessus de son vestige il y a.

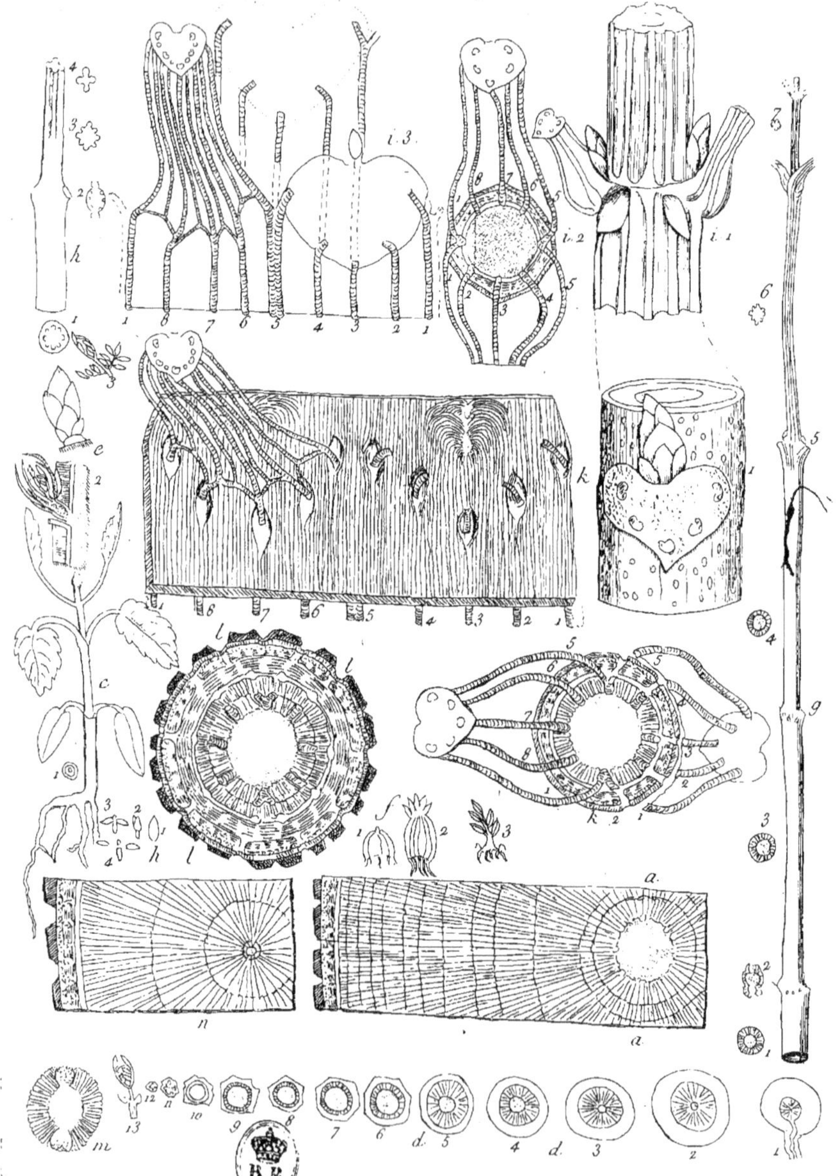